U0873386

努力，遇见更好的自己

黄胜男◎著

中国纺织出版社有限公司

内 容 提 要

你想走出人生的低谷，创造出生活奇迹吗？那就努力吧，奋力向前行，这样你才会遇见更好的自己。

本书是一本关于“如何努力”的温情励志书，不论遇到多大的挫折和困难，唯有努力才有出路。希望读者通过阅读本书领悟到努力的真谛，然后去努力行动吧，终究有一天你会收获到成功。

图书在版编目（CIP）数据

努力，遇见更好的自己／黄胜男著.--北京：中国纺织出版社有限公司，2020.7

ISBN 978-7-5180-7366-5

Ⅰ.①努… Ⅱ.①黄… Ⅲ.①成功心理—通俗读物 Ⅳ.①B848.4-49

中国版本图书馆CIP数据核字（2020）第075964号

责任编辑：闫　星　　责任校对：韩雪丽　　责任印制：储志伟

中国纺织出版社有限公司出版发行

地址：北京市朝阳区百子湾东里A407号楼　邮政编码：100124

销售电话：010—67004422　传真：010—87155801

http://www.c-textilep.com

中国纺织出版社天猫旗舰店

官方微博http://weibo.com/2119887771

三河市宏盛印务有限公司印刷　各地新华书店经销

2020年7月第1版第1次印刷

开本：880×1230　1/32　印张：7

字数：118千字　定价：39.80元

凡购本书，如有缺页、倒页、脱页，由本社图书营销中心调换

前言

现在的你在哪里呢？过着什么样的生活，你对现在的生活还满意吗？距离理想中的生活有差距吗？或许，你正在理想和现实中拼搏着，对自己也总是不满意，却不知道如何找到未来的出路。我想，这唯一的出路就是努力。只有努力，才能遇见更好的自己。

有句歌词是这样的："不经历风雨怎能看见彩虹。"生活中，不经历奋斗又怎么能拥有成功和快乐呢？没有狂暴的风沙，就没有壮观的沙漠；没有汹涌的波浪，就没有宏伟的大海；没有努力的奋斗，就没有灿烂的人生。尤其是当我们遇到困难和挫折时，不能蜷缩在墙角瑟瑟发抖，而是应该站起来，拍掉身上的泥土，努力向前。

成功的背后，往往有努力的付出；而努力，正好孕育了成功。每个人都想要成功，然而许多人并不知道成功的背后往往需要付出很大的代价。别人的功成名就看起来那么容易，你只是看到了别人身上的光辉，看不到他身后的汗水。想要成功，就应该努力，从现在开始。人生需要努力，当我们有了努力的方向，就会为目标而产生源源不断的动力。在这个世界上没有绝望的生活，只有面对生活绝望的人。生活本身并没有对错，就需要看你对生活持有什么样的态度。如果我们积极面对，那生活自然充满了精彩和希望；如果我们总是那么悲观，那生活自然会暗淡。所以，我们对生活永远不要绝望，不论遇到多大的挫折和困难，都要积极乐观面对，努力生活下去。

爱因斯坦说："对真理和知识的追求并为之奋斗，是人的高贵品质。"努力是力量的源泉，奋斗是人生向前的巨大力量，只有努力才能成就一个人的价值，人生是需要不断努力的。人最大的困难就是不能清晰地认识自己，最容易的也是认识自己。大多数时候，我们无法好好认清自己，是因为我们把自己放在了一个错误的位置，给了自己一个错觉。别怕前路坎坷，只害怕从一开始就走错了方向。我们不需要向任何人证明什么，除了对你自己。再累，请别忘记微笑；再急，也别生气；再苦，也别忘记坚持；再累，也要努力向前跑。

作者

2020年1月

目录

第01章

是否畅想过，你想成为怎样的自己

你是否想过自己以后会成为什么样的人呢？作家、科学家、老师、艺术家……未来的你肯定过着比现在更幸福的生活吧，有稳定的工作，幸福的家庭，做着自己喜欢的事情，日子和乐又美好。

成功者总是那些有目标的人

我们都知道，任何一个有理想、有追求、有上进心的人，一定都有一个明确的奋斗目标，他懂得自己活着是为了什么。因而他的所有努力，从整体上来说都能围绕一个比较长远的目标进行，他知道自己怎样做是正确的、有用的，否则就是做了无用功，或者浪费了时间和生命。显然，成功者总是那些有目标的人，鲜花和荣誉从来不会降临到那些没有目标的人的头上。

所以，我们每个人都应该早励志，要尽早为未来的幸福生活做打算，你要想成为自己想成为的模样，就要趁早努力。因为目标是一切成就的起点。一个人，只有确立了前进的目标，他才会最大可能地发挥自己的潜力。除此之外，努力是实现目标的唯一途径，只有不断努力，我们才能检验出自己的创造性，才能锻炼自己，造就自己。

松下幸之助曾经是大阪电灯公司的一名职员，并且，一干就是七年。后来，松下考虑到，如果继续这样下去，这一生很可能就在庸庸碌碌中度过了。他一想到这里，谋求自立的勇气就越发坚定。也正是考虑到这一点，松下离开这家公司时，就少了很多依恋、不舍和不安。

因此，他最后下定了自立的决心。但自立并不像想象中的那么简单。结果，松下虽然也遭遇到很多困难，但总算能够把事业继续下去，而有幸不必重回大阪电灯公司工作。后来公司日趋壮大，但他的想法却无丝毫改变。有人这样问过松下："松下先生，如果你的事业失败的话，你打算怎么办？"

松下毫不考虑地回答："真到了那个时候我就去卖面包。我一定要做出比别人更好吃的面包让客人大饱口福。"

有人说，人生是一个不断积累的过程，要想获得幸福，要想成为你想成为的人，你就要从现在开始努力，就要树立一个切实可行的目标，制定奋斗的目标，然后勇敢地去执行，它相信你能收获一个丰富多彩的人生。松下幸之助的故事就告诉我们，要想改变当下的状态，就要尽早规划未来，开始突破。

在很多渴望成功的人眼里，石油大王洛克菲勒也是他们学习的榜样。他能从一无所有到拥有现在的商业帝国好像是一个传奇，但事实上，这却是他持之以恒、积极奋斗的回报，是命运之神对他艰苦付出的奖赏。他曾经对自己的儿子说过这样一句话："我们的命运由我们的行动决定，而绝非完全由我们的出身决定。”生活中的我们也需要记住，一个人的命运如何，是掌握在自己手里的，出身只能决定我们的起点，而不能决定我们的终点。

所以，生活中的人们，如果你希望在未来过上幸福的生活，从现在开始，你就要早做打算，并且开始努力，再也不要被那些消极的思维左右自己了。不要认为自己年纪大，不要认为自己愚笨，成为一个积极向上的人，培养自己的热忱，找到自己的目标，我们就能为现在的自己做一个准确的定位，就能实现自己的人生目标。

从现在起为目标而努力

生活中的人们，为梦想努力吧。假如你是一名学生，为分数而努力学习，你就会得到分数；但如果为充实自己、为求知读书，除了得到分数外，你还会获得知识和成长。为了挣钱而做生意，你的努力会帮你实现财富梦；为了事业而做生意，除了财富外，你还会获得为之打拼的快乐。为每月定时发放的薪水而工作，你可能得到较少的薪水；如果你为提高公司业绩而工作，你不仅会得到较多的薪水，也会得到满足和同事的敬重，你对公司的贡献将会大得多，你的报酬也会大得多。

因此，你只有从现在起，树立一个精细、明确的目标并为之努力、奋斗，你才会认识到体内所蕴藏的巨大能力，才能最终实现自己的理想。

在生活中，对于自己的梦想或是目标，不管有多么虚无缥缈，多么不切实际，都需要坚持到底，永远相信自己一定能办到，一定可以实现这些目标。如果有人对我们的想法进行挑衅，也不要退缩，更不要随意更改自己的目标。有句话叫“走自己的路，让别人去说吧”，别人爱挑衅，对我们的言行进行冷嘲热讽，那是他们自己的事情，而我们只需要保持自信，就可以赢得最后的成功。

人只有树立了目标，内心的力量和头脑的智慧才会找到方向。目标是对于所期望成就的事业的真正决心。如果一个人没有目标，就只能在人生的旅途上徘徊，永远到不了任何地方。正如空气对于生命一样，目标对于成功也有绝对的必要。如果没有空气，人就不能生存；如果没有目标，没有任何人能成功。

当然，只有目标并不能带来成功，要真正实现蜕变，还要我们忍耐枯燥、寂寞，需要我们付出不懈的努力。

有人说，李阳是中国教育产业里的比尔·盖茨，因为“李阳疯狂英语”让世界语言教学界为之疯狂。但没有人会想到，“疯狂英语”的创始人李阳，是一个从小自闭、怕说话、连电话都不敢接的人。

其实，李阳一直到读大学的时候，英语成绩都很差，尤其是在口语和听力上。

有一次上课时，李阳被老师叫起来回答一个问题，他明明知道问题的答案，却因为胆怯说不出来，然后，他对老师说："我可以把答案写在纸上给您看吗？"全班同学哄堂大笑。对此，老师很生气，他说："同学们，你们记住，如果你们不好好学习口语，那么，你们就会像李阳这样。"

"就像李阳这样"，这句话深深地刺激了他。从那时起，他就下定决心，一定要把口语练好！

后来，李阳想出了一个练习口语的方法。每天早上，他都起得比别人早，然后跑到学校后面的小山上练习口语，他并不是简单地读英语单词，也不是背诵英语课文，而是大声地叫喊，并且，令人不可思议的是，为了锻炼自己的发音，他在嘴里含了一块石头。

在李阳看来，他之所以说不好英语，有两个方面的原因：一是胆怯，不敢说；二是发音问题。喊英语，能练胆子；含石子，能练发音。就这样，李阳坚持不懈地练习口语，风雨无阻。遇见熟人，也不怕别人耻笑，即使别人骂他疯子，他也不在乎。

果然，李阳的努力没有白费。三个月后，李阳不仅能流利地回答出英语老师的问题，甚至还能为老师纠正部分错误的发音。时至今日，“李阳疯狂英语”成了英语学习产品当中最响亮的一块牌子。

“无论是找工作，还是工作后，都会面临很多想象不到的困难，只有自己有信心面对才能常胜。”成功后的李阳这样说。

李阳的经历再次告诉所有青少年朋友，勤能补拙，人才并不一定生来就是人才，也可能是通过后天努力才练就的。青春期，你最大的使命莫过于学习，努力学习积累科学文化知识，才能用知识武装自己，从而更好地完成自己在未来社会的使命。

所以，我们要记住的是，一定要追随自己的内心，要敢于追逐自己的梦想，要永葆激情，不断摸索，不怕失败。最终你会找到属于自己的一条路，也会做出成就。

总之，梦想具有无穷的力量，梦想也会给我们带来快乐。只要你追随自己的天赋和内心，你就会发现，你的生命被赋予了更大的意义，你不再是消磨光阴，而是让时间闪闪发光，奋斗也成了一件快乐的事。

改变自己，扩大人生格局

人生在世，谁不渴望出人头地？美国成功哲学演说家金·洛恩说过这么一句话：“成功不是追求得来的，而是被改变后的自己主动吸引而来的。”我们之所以没有成功，是因为在我们身上存在着许多致命的缺点，如自私、傲慢、急躁、没有明确的人生目标、缺少自信、做事情不脚踏实地、没有耐心等，这些缺点严重制约了我们的发展。只要对自己进行深刻的检讨，采取改进措施，你的精神面貌就会发生巨大变化，你就会感觉到自己在一天天地向成功迈进。

改变自己就要学会接受新事物，因为每个人都有着无限的潜能等待开发，只可惜，我们往往限制住了自己的心态。科技进步的速度快得惊人，相对也引导社会各方面的发展，如果你仍一味地沿用旧的思想、旧的做法去做人做事，那就会被社会淘汰。所以千万不要当个死硬派，很多不该再坚持的观念，何苦抓住不放呢？接受新思想，摒弃不适当的旧观念，会使你改变自己，成为扩大格局的好起点。

有人会说：“我很想立即改变现状，但周围的大环境就这样，不允许，没办法呀！”他必定是忘了：一个人在面临无法改变的环境的时候，首先要学会改变自己，自己改变了，环境也会随着改变。西方有句谚语：“生存取决于改变的能力。”

不少人往往是一方面既想改变现状，另一方面又害怕承受痛苦，结果把自己弄得既矛盾又挣扎，折腾了一大圈又绕回到原点。改变是痛苦的，但是，如果不改变，那将是更大的痛苦。

成功学专家陈安之说："不要把赚很多钱当作是你人生最重要的目标。只要你能够成为最好的人物，最好的事情也就会发生在你身上。当你想要得到一切最美好的事物，你必须把自己变成最好的人。"所以，在失意的时候，不要急着抱怨这个世界不公平，世界从来不会因为某个人的抱怨而改变。不如改变自己来适应环境，如果人是正确的，他的世界就是正确的。

"适者生存，不适者则被淘汰"，这是自然规律，世上的事物时时刻刻都在发生着变化。如果你跟不上社会的步伐，你会被社会抛得越来越远。面对这样的状况，只有改变自己才是出路。许多时候，担心是多余的，欣然地面对现实，勇敢地接受挑战，就会塑造一个"全新的自己"。人生是由一连串的改变形成的。当你的环境、教育、经验、吸收的信息发生变化，你的心理多多少少都会产生不同程度的变化。改变就是机会，只要你及时处理，就会有好的机会与开始，而且，唯有良好的自我改变，才是改变事情、改造状况，甚至改变环境的基础。

一个人如果不先改正自己的缺点和不足之处，使自己成为一个人格完善的人，就很难获得成功，更谈不上去影响去改变别人。人活在世上的首要任务是改变自己，进而改变世界。如果同事对你不友善，你不去改正自己的缺点，即使你换个单位也没用；如果你的成绩无法提高，你不去改变学习方法和学习态度，即使换了老师也没用。只要你一改变，生活也会随之改变。

世界是在不断发展变化的，每个人也是在不断发展变化的。变化始终存在，不管这变化是好是坏，我们必须接受，而变化的好坏往往取决于人的适应能力。要适应瞬息万变的社会，我们必须做出改变，而且，改变必须从今天开始，马上开始，从自己开始，从每一件小事开始。这样才能获得成功！

适者生存，这是人类一切问题的答案。试图让整个世界适应自己，这便是麻烦之所在。试图让一切适应自己，是很幼稚的举动，而且是一种不明智的行为。想要改变世界很难，而改变自己则较为容易。如果你希望看到自己的世界改变，那么首先必须改变的就是自己。

在命运的磨砺中渐渐前行

人们常说，是金子总会发光的。但是作为被埋没的金子，我们却不能一味地等着他人来发现，唯有把自己精雕细琢，才能更快地实现我们的人生目标。生活中，不乏有人喜欢随波逐流，随遇而安，殊不知，这样被动的方式也许会让我们感到一时的惬意，最终却会让我们的人生被耽误，无法顺利得到他人的认可和赏识，也无法在更短的时间内达到我们预期的效果。

毫无疑问，每个人对于自己理想的人生都是有所设想的。在坚持梦想的过程中，有很多人都因为各种各样的原因放弃了，只有少数人能够排除万难，决不放弃，最终达到梦想的彼岸。的确，人生与人生之所以相差悬殊，并非因为作为人生主体的我们存在巨大的客观差异，而是因为我们并不是同样能够坚持和雕琢自己。就像一粒小石子掉进河水中一样，它当然也想变成漂亮的鹅卵石，但是如果它不能经受河流长年累月的冲刷，就无法变得圆润光滑。

很久以前，有一粒小石子不小心掉进了河水中。它的棱角分明，被河水冲刷得很疼。它甚至疼得哇哇大叫，根本没有心思欣赏河底美妙的景色。直到几天之后雨水小了，河水变得缓慢了，小石子也没有那么疼了，它才有时间环顾四周。河底真美啊，不但有着柔软的水草和游动的小鱼，还有很多美丽的石头，它们不像小石子这样浑身黢黑，棱角尖锐，而是有着美丽的纹理，而且非常光滑圆润。小石子亲耳听到一个在河水里捡石头的小孩说，要把它们带回家里，放进玻璃鱼缸中呢！小石子羡慕极了，它也很想被孩子带回家，还可以在漂亮的鱼缸里与小鱼做伴。为此，小石子问身边的石头：“你是天生这么漂亮吗？”石头笑了，说：“我刚刚来到河底生活时，和你一样非常难看，而且黑黢黢的。”小石子纳闷地问：“那么你是如何变得这么漂亮的呢？”石头笑着说：“我已经在河底很多年了，在接受河流的冲刷之后，刚开始也许会感到很疼，就像你前几天不停地叫唤一样。时间久了，棱角渐渐消失，与河水之间的摩擦力没有那么大，就没那么疼了。如此日复一日，年复一年，就会形成美丽的纹理，也会变得光滑圆润，自然会得到小朋友们的喜爱。”

听了石头的描述，小石子也下定决心要留在河底，最终变成一块美丽的鹅卵石。

传说，山里的一座寺庙要进行翻修，雕刻家寻遍了大山，找到了两块适合雕刻神像的大石头，费尽千辛万苦才把它们运到寺庙的院子里。其中，有一块大石头基础很好，更容易雕刻成神像，因为雕刻家首先问它：“你愿意变成神像整日被人供奉吗？”大石头当然很愿意。雕刻家又说：“那你必须忍受无数次的雕刻和打磨，也许会很疼，你必须忍耐。”说完，雕刻家就拿起工具开始工作，然而很快大石头就开始痛苦地呻吟，最终居然大声叫喊起来。无奈之下，雕刻家只好停止工作，大石头也哭泣着喊道：“太疼了，我不想成为神像了。”雕刻家又问另一块石头，另一块石头说：“我保证一声不吭，您就尽情雕刻和打磨吧！”果不其然，在雕刻家工作的几个月里，另一块石头始终不吭不哼，直到雕刻家完成工作，它才说：“谢谢您的辛苦劳作，我变成神像了吗？”雕刻家笑着说：“是的，以后你再也不用遭受风吹雨打，而是会得到无数人的供奉。”在寺庙翻修完成之日，石像被披上鲜艳的红绸，矗立在庙宇正中。而之前那块石头呢，则落个粉身碎骨的下场，成为铺垫寺庙门前道路的材料。同样是大石头，一个雕刻出了自己的精彩人生，一个却日日夜夜要遭受人们的无情踩踏。

小石子要想变成鹅卵石，就要接受河水的冲刷。大石头要想成为人人敬仰的雕塑，就必须经历漫长的雕刻和打磨。小石子和大石头的经历告诉我们，任何成功都绝不可一蹴而就，我们想要成为自己理想中的模样，就要付出极大的努力和毅力，才能在命运的磨砺中渐渐成形，享受未来的幸福岁月。

面对成功者，很多人心中都有解不开的结。因为那些成功者看起来并不像他们的成功那么耀眼，更没有独特的天赋，他们如此平凡而又普通，到底是如何获得成功的呢？其实，成功者并非是天赋异禀的天才，因为即使是天才，如果不努力不坚持，依然无法获得成功。大多数成功者都具有坚韧不拔的毅力，也能够在任何艰难的环境中坚持不懈，最终才能得到成功的青睐，也拥有理想的人生。朋友们，要想让自己变成理想中的模样，从现在开始就按照理想打磨自己吧！所谓笨鸟先飞，也许早一步努力，就能帮助我们赢得成功的幸运。

你之所以独特，恰恰是因为你能做自己

相传，作为中国四大美女之一的西施有心绞痛，常常感到心痛不已。每当发病的时候，她都会用手紧紧地捂住胸口，同时眉头紧蹙。病痛的折磨并没有消减西施的美，相反，那些仰慕她的男人更加着迷于她。有一次，村里的丑女特意观察了西施发病时的神态和姿势，觉得西施病恹恹的样子的确很美。为此，她也模仿西施的样子，用手捂住胸口，还把眉头皱起来。然而，村里的男人们依然对她避之唯恐不及，甚至有钱的公子哥儿们赶紧回家关门闭户，穷人们也带着妻儿绕道走，生怕看到丑女的样子。丑女无论如何也想不明白，她做出和西施一样的姿态，大家为什么只喜欢西施，而不喜欢她呢？丑女不知道，无论她怎么模仿西施，她也变不成西施，反而失去了自己的本真。

时代发展了几千年，生活中仍然不乏像“丑女”一样的人。虽然她们长得并不丑，甚至堪称美丽，然而她们和丑女一

样，总是模仿别人，失去了自己。这样的人，是一个躯壳，没有灵魂。人之所以美丽，是因为拥有独立的精神和人格。一旦失去自我，美丽也就不复存在。例如，现代社会很多美丽的时装只流行很短的时间就过时了。如果我们盲目模仿模特的衣着，而不考虑自身的条件是否适合，那么只会把美丽的时装穿出大妈的效果。很多女明星都根据时尚之都——巴黎的风向标穿衣打扮，却丝毫没有意识到穿在模特身上摩登时尚的服装，到了她们身上却变成了裹身布。气质非凡、拥有形象打造团队的明星尚且如此，更何况是普通人呢？还有些人做事没有主见，总是人云亦云，盲目跟风，也是不可取的。人们常说这个世界上没有完全相同的两片叶子，其实这个世界上同样没有完全相同的两个人。很多时候，我们之所以独特，恰恰是因为我们是自己，而不是别的任何人。这就是坚持自己的魅力！

在竞争激烈的现代社会，不管是爱情，还是生存和发展，每个人都面临着极大的考验。坚持做自己，且能够顽强地生存下来，获得幸福，这才是真正的能者。世界不需要四不像，当你因为模仿变得既不像别人，又不像自己的时候，你就彻底失败了。既然如此，我们何不老老实实地做自己呢，最起码这是最真实的我们。

“小巷三寻”的创始人郑芬兰，曾经有着稳定的工作和很好的收入，却因为不满足于按部就班的工作而辞职。她想寻求一种有挑战性的生活，改变自己的人生。辞职后，她跳槽到一家服装公司工作，从最简单的工作做起，三年后升任总裁助理。在此期间，她一直在为自己充电，学习服装设计的相关知识。也许这份工作还是不能实现她的梦想，为此，她再次辞职了。她开创了属于自己的公司，全权负责所有的工作。在她的勤奋和努力下，公司渐渐步入正轨，开始实现良性运转。然而，她依然觉得生活中缺少了激情。她决定开创自己的品牌，做出自己的企业文化。一个偶然的机会，她翻出了妈妈亲手缝制的粗布棉被，这是她结婚的嫁妆。她的脑海中灵光一闪，萌生了用农家土布开创服装品牌的想法。尽管妈妈和所有的亲戚朋友都表示反对，她还是义无反顾。

在大雪纷飞的日子里，郑芬兰专程回老家背回了十多卷土布。在她的努力和坚持下，小巷三寻手织布服饰公司正式成立。然而，要想把带着妈妈温度的土布推广出去，在物质极大丰富的今天，还是相当有难度的。当杭州某商厦的经理同意给她一个柜台时，她喜极而泣。然而，刚刚开业的几个月，营业额很低。身边的人都劝她继续去做轻车熟路的女装生意，被她拒绝了。她看好土布服饰，一定要坚持做下去。在她的坚持下，营业额越来越高。她欣慰极了。

对于土布，郑芬兰有着自己的理解。她说，土布带着妈妈的温度，也是对中国传统文化的传承。她不仅大力推广土布，还把中国传统文化与土布相融合。如今，她的“小巷三寻”已经小有名气，产品的品质和质量，尤其是深厚的文化底蕴，都得到了消费者的认可。对于未来，她信心十足。她说：“坚持，就是最美丽的！”

如果没有郑芬兰的坚持，就不会有小巷三寻的今天。每个人在人生的道路上都会面临选择，不管什么时候，只要我们认为是正确的，我们就要勇敢地坚持自己的选择。很多成功，除了机缘，主要是因为坚持。

年轻的朋友们，不管是最基本的穿衣打扮，还是关系到人生未来的事业，我们都要坚持自己的梦想。盲目地跟随别人的脚步，只会让自己变得被动。唯有坚持，才能助力我们走出属于自己的人生之路。坚持自己，并且能够做出一番成绩，你就是当仁不让的强者。

我们无论如何也变不成别人，既然如此，我们不如坚定地做回自己。每个人都有自己的气质神态，穿在别人身上的衣服，未必贴合我们的身体和精神风貌。即使是最简单的穿衣服，我们也应该有自己的风格。年轻的朋友们，你们知道自己应该坚持些什么吗？

第 02 章

勇敢选择，前行的路要自己做主

站在人生的十字路口，向左走还是向右走，人生路途往往充斥着许多选择题。正确的选择，会让我们走得更省力，但不管怎么样，我们都要勇敢选择，自己要走的路自己做主，遵从内心的决定。

成大事需要一点点勇气

人生好比一座山峰，需要我们去攀登。在攀登的过程中，有悬崖也有峭壁，这时就需要有勇气去攀登。选择和勇气是成功的前提，拥有勇气，你就向成功迈进了一步。其实，所谓的成功者，他们与其他人的唯一区别就在于选择，别人不愿意去做的事，他去做了，而且全身心地去做。所以，成大事其实只需要那么一点点勇气。

人生要勇于选择，强者从来不知道什么叫失败，他们让人敬佩的地方不在于永不失败的精神，而是他那屡败屡战、越战越勇，最后取得胜利的勇气。一个人即使什么都没有了，但至少还有勇气，那是人生最大的财富；有了勇气，就拥有了一切，就成了战胜众人、夺得王者之位的强者！如果失去了金钱，失去的也只是一点点；失去了工作，你就失去了许多；如果你失去了勇气，那你就什么都失去了。有人认为勇气是天生的，事实上，勇气大部分靠的是后天锻炼和培养。现实中，如果一个人缺少了勇气，哪怕有再多的知识、再强大的体魄，也无济于事。

很多时候并不是你的能力不行，也不是你没有机会成就大事业，而是你选择了安逸的人生。成功者不是这样，他们敢于与命运抗争，劲头十足，不断前进，直到取得自己满意的结果。 谁也不想自己的一生碌碌无为，人人梦想一生成功、富贵，可是只有少数人与成功、财富结缘。我们常抱怨自己没有遇到好机会、生不逢时，然而机会一旦降临，你是否有足够的勇气和胆识去把握？中国首富陈天桥无视破产和合作商撤资的危机，坚定自己的信念，勇敢果断地选择进军网络领域，刮起了一股网络旋风，创造了令人惊叹的财富奇迹。

人生，最重要的就是勇于选择，尽管我们无法选择起点和终点，但在这之间充满着无数个选择的机会。如果年轻人想实现自己的梦想和价值，那就必须善于选择自己的人生之路。勇敢地选择自己想走的路，然后朝着这个方向一直走下去，美好的世界往往在尽头。

实现梦想的路早已存在心中

威尔逊曾说：“我们因梦想而伟大，所有的成功者都是大梦想家：在冬夜的火堆旁，在阴天的雨雾中，梦想着未来。有些人让梦想悄然绝灭，有些人则细心培育、维护，直到它安然度过困境，迎来光明和希望，而光明和希望总是降临在那些真心相信梦想一定会成真的人身上。”有人问：实现梦想的路在哪里？其实，年轻人，心在哪里，路就在哪里。

珍妮上高中的时候，她的梦想就是考上美国的哈佛大学。当时，由于毫无经验，又迫于高考的压力，她一边应付高考，一边申请学校，但是，她提出申请的四所美国大学都给她寄来了拒信。当收到拒信的时候，珍妮非常伤心，那意味着自己无法实现儿时的梦想了，她为此哭了三天三夜。四个月之后，她还是硬着头皮坐在高考的考场，最后考去了上海。

在高考之后的那个暑假，珍妮从来没有忘记过自己的最初梦想，她希望自己再奋斗四年，一定要去哈佛大学。在大学里，珍妮将全部的时间和精力都投入到学习中，不管是在学习还是学校的各种实践活动中，她永远都是最优秀的那个人。大学四年，珍妮不但是一个大型学会组织的主席，还成功组织了一次覆盖上海多所高校的比赛，吸引了数家赞助商。在大学，她除了是国家奖学金的获得者之外，还能说一口流利的英语、西班牙语和日语。

或许，像珍妮这样优秀的女孩子，完全可以在大学毕业之后随便找个待遇丰厚的职位，即便是世界500强也可以随便挑选，她又为什么要如此坚持哈佛大学呢？事实上，珍妮当然想过放弃哈佛大学，她也想早点争取经济独立，为家庭减轻负担，而去美国哈佛大学，将意味着家里需要给她更大的经济支持；此外，她也希望自己像一个普通女孩子那样，穿着光鲜靓丽的衣服，戴着好看的首饰……这样一想，哈佛大学似乎没有想象中那么神圣了。

不过，当珍妮静下心来思考这个问题的时候，她忽然意识到自己是被生活中的各种华丽的诱惑模糊了视线，她撇开一切，只选择一样东西，那会是什么呢？她最后写下了“哈佛”，然后在后面写着“坚持不懈”，这个最初根植于自己内心的梦想，那才是自己真正渴望的东西，才是自己内心的真正选择。

珍妮后来如愿到哈佛大学攻读研究生，她是那么优秀，才华横溢，卓尔不群，而且人也长得非常漂亮。当然，她可以像大多数普通的女孩子一样，大学毕业后嫁个不错的男人，过着衣食无忧、相夫教子的日子，但是，她没有选择这样的生活，而是坚持内心的选择，从而实现了自己最初的梦想。

由于家庭的原因，她高中毕业后就放弃了继续升学的机会，而是选择在女子商学院的夜校学习。偶然有一次，她在夜校附近的饭馆吃饭的时候，看到一幕：一位客人想在饭店里暂时寄存自己的行李，但是却遭到了饭馆老板的冷淡拒绝。这令她感到不解，她认为饭馆老板可以答应帮忙寄存行李来达到宣传自己饭店的目的，为什么他不那么做呢？

由于这一件小事，她决定了要在餐饮界发展。此后，她转入了烹饪学校学习。无论当时自己经济是如何的困难，她都坚持学习下去，宁愿省下自己的生活费去听一堂课。在1982年，她开始尝试着在大学路经营一家面食店。她本着“亲切服务”的原则，使这家小小的面食店很快名声大噪，从最初仅有一个灶台和五种菜品的小店发展成为附近最有名的美食店。

虽然她身处逆境，但是当她立下志向之后却从来没有改变，心在哪里，路就在哪里，丝毫没有退缩，一直把自己当作人生的主角。无论遇到什么困难，她都能凭着自己的力量去克服它，并且以主角的姿态演出自己的人生剧本。

人生的最大意义在于奋斗，为自己的梦想而奋斗，这会令一个人感到充实和快乐，有梦想的人从来不会感到空虚，因为他们懂得自己内心最想要的是什么，并且朝着这个方向不懈地努力。

马云曾说：“第一，有梦想。一个人最富有的时候是有梦想，有梦想是最开心的。第二，要坚持自己的梦想。有梦想的人非常多，但能够坚持的人却非常少。阿里巴巴能够成功的原因是因为我们坚持下来。在互联网激烈的竞争环境里，我们还在，是因为我们坚持，并不是因为我们聪明。有时候傻坚持比不坚持要好得多。”

每一次选择都是未来生活的底片

在漫漫人生道路上，有着这样或者那样的选择，小到升学，大到择业。是的，在我们的一生中，不知道面临了多少次选择。每一次选择都会带来不同的结果，有的成功了，有的却失败了。虽然，成功与失败并不是我们所能决定的，但是多多少少会与你的选择有关系。当你选择对了，那么你成功的概率就会大很多，事实上，在某些时候，选择会直接决定了你的成败。有人喜欢平坦的大道，有人喜欢曲折的小路，不过，在这里建议所有的年轻人：当你迷失的时候，选择更艰辛的那条路。因为困难的路越走越容易，容易的路越走越难。

什么样的选择就决定着什么样的生活，什么样的目标就决定着什么样的结果，每一次选择都是你将来生活的底片。所以，每一次选择都必须慎重，这样你才有可能为自己选择一个对的方向，促使着人生走向成功。否则，你只会为你不负责任的选择买单，那将是痛苦的失败。那么，认真审视，尽可能地把每一次机会都选对，这样你离成功就越来越近。

人生中有许多次选择的机会，如果你想每一次选择都为自己带来成功，那么只有选对的而不选错的。一次正确的选择，对于一个人的一生来说都是很重要的，它就如同一把打开成功之门的钥匙，只要选择对了，你的人生就会获得莫大的成功。当然，也许你错了，也不是完全不能成功，只不过会多走一些弯路，多走一些错路，也耽误了成功的到来。

每天我们都面临很多选择，每天也有许多困惑和烦恼，不知道该选择哪一条，那么，不如选择艰辛的路吧。不论对与错，都会努力去做，会变得更慎重、更认真，也会从中学到更多东西，更容易成功。

每个人都要学会为自己做一个正确的选择，那才会促使你成功。也许，有人会问什么样的选择才是对的？其实，这个问题并没有实质性的答案，你并不需要问什么样的选择才是对的，而是应该问如何来选择才是对的。人生总会遇到迷茫而不知道如何选择的时候，决定我们能成为什么样的人的，不是我们的能力，而是我们的选择。

泥泞而又艰辛的路往往会留下清晰的脚印，年轻人，请不要在最能吃苦的时候选择安逸，为了到达终点，请付出别人难以企及的努力。

年轻，就应该努力拼搏

前文说过，年轻就是资本，就是我们勇往直前拼搏的理由。倘若人生总是止步不前，就会在犹豫不决中白白失去宝贵的生命，也会使得我们的青春变得暗淡无光。毫无疑问，每个人都希望得到他人的认可和肯定，因为对失败的恐惧心理，会使得我们的人生变得畏缩怯懦。人的一生是非常短暂的，如果在胆怯中度过一生，等到回忆时除了遗憾，就再也没有值得回味的经历，这岂不是对人生最大的嘲讽吗？

每一个年轻人从呱呱坠地到逐渐成长，都经历了无数个第一次。第一次独立吃饭，第一次独自外出，第一次考试不及格，第一次摔跤，第一次遭遇失败，第一次谈恋爱，第一次创业失败……这无数个第一次，构成了我们人生成长的经历，也使我们的人生变得充实厚重。回想起这些第一次，假如没有足够的勇气，没有胆识和魄力，也是很难圆满实现的。既然有第一次成功的喜悦，我们也就必然要面对第一次失败的痛苦和伤心。其实成功和失败总是相对的，有些失败能够给我们带来经验，能够帮助我们提升自我，因而也就是值得钦佩的，也是具有积极意义的。从这个角度来说，年轻的人理应勇敢，因为即使失败，也能帮助我们提升自己，获得精彩的人生。

任何情况下，失败都不会是最终的结局，当然成功也是。人生是复杂的，不能简单地以成功或者失败定论，而要辩证唯物主义地看待，就像对于很多人的评价一样，人并非非好即坏，而是具有多重因素的衡量和判断。只要我们怀着一颗勇敢的心，早晚能够跨越失败的沟壑，让失败成为我们人生之中独特的风景。

在创业之初，著名的成功学大师卡耐基并非一帆风顺。当年，他在密苏里州举行了一个培训班，是专门针对成人开设的。后来他不停地扩张，把这种培训班开设在很多大城市。为了一步到位，尽快获得成功，他不惜花费重金给自己的培训班做广告，而且因为每个城市的培训班都需要大量工作人员，也要消耗很多办公用品，所以很快他就捉襟见肘了。经过一番仔细核算之后他才发现，自己辛辛苦苦很长时间，居然入不敷出，非但一分钱没有赚到，反而还搭进去很多积蓄呢！为此，原本信心十足、兴致勃勃的卡耐基马上变得沮丧起来，他甚至没有兴趣再关心培训班的事情，每天只顾着郁郁寡欢，闷闷不乐，时间长了，他居然神情恍惚起来，也失去了人生奋斗的方向。

看到卡耐基的状态这么糟糕，他的老师约翰逊不由得着急起来。有一天，他见到卡耐基，直截了当地说：“如果失败不能使你更加认清自己，那么你就彻底失败了！”老师一语中的，拨开了卡耐基心中的迷雾。他幡然悔悟，开始努力地思考自身存在的问题，并且对于前段时间的工作也进行了深刻的反思。最终，他改变了研究的方向，开始集中精力攻克关于人性的问题。又经过一段时间艰苦卓绝的努力，他终于开创出一套独特的成人教育方法，给无数困惑中的成年人带来了福音，也帮助他们摆脱了人生的困境和烦恼。卡耐基诸如《人性的弱点》《沟通的艺术》等作品，在世界范围内都得到人们的追捧，风靡全球。

卡耐基的人生经历，显然是非常具有说服力的，毕竟作为成功学大师，卡耐基曾经帮助无数人拨开心中的迷雾，更加明确了自己的人生方向。其实，卡耐基也是一个普通的人，他在成长和发展的过程中同样会遇到很多困难，也曾遭遇无数的困惑。和每一个人一样，他也唯有进行深刻的自我反省，并且毫不迟疑地勇敢向前，才能走出困境，走到人生光明开阔的大道上。

失败并没有什么可怕的，它只是人生的常态，在一颗积极进取的心面前，它还是累积的经验和进步的阶梯。只有能够坦然面对失败的年轻人，才能更加清醒理智地反观人生，从而让自己充满信心地在人生的道路上走下去。

目光放长远，调整自己的选择

很多心灵鸡汤都告诫人们不要轻易放弃，甚至告诫人们永远不要放弃，一定要坚持不懈。其实，这完全是对不放弃的误解。更多的时候，不放弃是激励人们要有勇气，也要有毅力，而并非告诉人们在任何情况下都决不放弃。明智的人生是会取舍的，当一个人只盯着一个目标不放手，而无视现实的情况，最终一定会导致被动。相反，假如一个人在人生之中能够以发展的眼光看待问题，也能根据实际情况随时调整自己的选择，则人生会变得更加灵活机动，也能够随时随地做出良好的决策。

人在一生之中，总要面对很多次选择。有些选择是被动的无奈的，有些选择则是主动的积极的。当人生之中积极的选择越来越多，也就意味着人们更加占据人生的主动，从而成为命运的主宰。反之，假如人生之中多是消极悲观的选择，人生就会黯然失色，更会导致人生的懈怠。在面对诸多选择时，过分地优柔寡断、迟疑不决是不好的。明智的人能够在综合考虑各方面情况之后，及时准确地做出决断，如此一来，当然也就能够把握好人生。与选择相对应的，在必要的时候，我们还要学会放弃。很多人一旦得到，就不愿意失去，甚至为了未曾得到的东西也瞻前顾后。殊不知，对于放弃而言，最重要的就是决绝。我们唯有决绝地放弃，才能快刀斩乱麻，帮助自己从艰难的处境中抽身而出，也才能够集中精力和心智面对未来的生活。

很多时候，看似是一种失去，实际上却是一种得到。例如我们失去了青春，却得到了人到中年的厚重丰盈；蜡烛燃烧了自己，却给他人带来了光和热，也得到了人生的赞誉。由此可见，人生的快乐并不只在于得到，失去也会带给我们快乐，也能使我们实现人生的目的。

英国首相丘吉尔小时候非常顽皮，有一次差点掉进河里淹死，幸好一个叫佛莱明的农民路过，才挽救了他的生命。不过在把丘吉尔送回家之后，佛莱明就默默离开了，并没有做出什么表现自己的举动。当天晚些时候，丘吉尔的父亲知道了这件事，马上驾驶马车带着重金赶到佛莱明家里，想要感谢佛莱明。

当时，看到一辆马车停在自家门口，佛莱明非常吃惊，他想不起来家里有如此显贵的客人。当听到丘吉尔的父亲说明来意之后，佛莱明尽管接受了感谢，但是却坚决拒绝接受任何馈赠。他说：“我救人不是为了得到酬金，而是因为这是每一个有良知的人都会做的。”丘吉尔的父亲非常尊重佛莱明，为此他思来想去，提出了一个建议：“佛莱明先生，既然您不愿意接受任何酬劳，我想您应该愿意让小佛莱明去我的家里，和我的儿子一起生活，让他接受最好的教育，未来也能有所作为，您觉得怎么样？”面对这样的提议，佛莱明无法拒绝，因而欣然接受。最终，小佛莱明果然没有辜负父亲的厚望，在科学道路上不断进取，并且因为发明青霉素而获得了诺贝尔奖，名震世界。

对于贫穷的佛莱明而言，拒绝丘吉尔父亲的酬金，显然是一个明智的决定，也正因为如此，他才能够赢得丘吉尔父亲的尊重，也为儿子小佛莱明赢得了另一个机会。然而，让小佛莱明去丘吉尔家生活，显然要放弃他们父子亲密相处的宝贵时光，对此，佛莱明做出决绝的舍弃，欣然接受了丘吉尔父亲的建议，从此小佛莱明过上了不一样的生活，也接受了更好的系统教育。对于佛莱明而言，儿子的成就是任何回报和馈赠都无法比拟的，也是对他舍弃父子亲密相处时光的最佳回报。得失之间，明智与决绝顿现。

实际上，没有人的人生能够一帆风顺，我们在面对选择时一定要明智，千万不要因为任何外界的原因就放弃自己的原则，在放弃一些东西的时候也要决绝，不要因为优柔寡断错失良机，也不要因小失大。总而言之，人生处处皆学问，我们必须不断成长，才能拥有属于自己的精彩人生。

第03章

努力不是瞎忙，找对方向很重要

人生需要努力，有句话说得好，努力了可能会有结果，但不努力便不会有结果。努力也不是毫无目的地瞎忙，这是掩饰的勤奋，你虽然每天看起来很忙，但却没有成效。在努力的路上，找对方向很重要。

智者会放飞思想的风筝

对成功而言，努力很重要，方向更重要。方向走对了，哪怕走得慢却能一步一步靠近成功；倘若走错了方向，不仅白忙一场，更可能离成功越来越远。人的一生有很多意外会发生，你无法控制它们，就像你不能掌控自己的生老病死一样。于是有人说活着就要及时享乐，就要对得起自己，而有些人认为活着就要不断追求，不断收获，不断给自己树立目标，在每一次实现目标时，尽情享受其中的快乐。

通常我们把前者的态度说成消极，把后者赞为积极面对生活的人。拥有目标，从而奋力拼搏，这是成功最简单的模式之一。但你是否明白，在你的生命中，在你前行的路上，不是每一条河都能顺利渡过的，遇到过不了的河掉头而回，也是一种智慧。但很多人在这种情况下，却只盯着眼前奔腾的河水发愁，而看不到河边的苹果树。真正的智者会放飞思想的风筝，摘下河边的“苹果”。

有人说，成功是1%的灵感加上99%的汗水。这句话恰恰反映出这1%的灵感是最重要的，大部分年轻人只是寄托于自己的努力和勤奋而忽略了努力的方向，终其一生也是劳无所获。时间就这样匆匆逝去，生命也在庸庸碌碌中消逝，而留下来的只是遗憾。事实上，朝着错误的方向前行，比原地踏步更可怕，因为你距离终点将会越来越远。

确实，有时愿望很重要，勇气很重要，毅力很重要，但方向更重要。在现实生活中，没有方向或走错方向的年轻人很多，他们坚信“天道酬勤”，殊不知，这些成功之道必定是建立在一个基本前提之上，那就是正确的方向。事实上，确定方向比努力本身更重要，如果方向错误，越努力离成功越远。

清华大学校长曾送给毕业生一段话：“在未来的世界里，方向比努力重要，努力比知识重要，健康比成绩重要，生活比文凭重要，情商比智商重要。”有的年轻人起点并不高，但因为他们选择了正确的职业发展方向，所以在短短几年之后他们的价值超过了很多当初起点比他们高的人。

年轻人，必须科学审视自身所处的环境，客观地评价自己的能力素质，正确地选择努力的方向，否则付出再多的努力也是白费。许多年轻人从事着自己并不擅长的职业，总是发出“我也很努力，不过就是做不到最好”的感慨。其缘由并非是这些年轻人不喜欢这份职业，而是这份工作并不是最适合他们的。如果年轻人希望能把一项工作做得得心应手，就需要选择正确的人生目标。如果走错了方向，那么果断放弃，去寻找自己正确的人生方向。

在这个世界上，条条大路通罗马，通往成功的道路有千万条。不过年轻人需要记住：几乎所有的道路，不是别人给的，而是你自己选择的结果。你选择什么样的道路，就会拥有什么样的人生。从容思考，从速实行，方向永远比努力更重要。

命运取决于做事结果，结果取决于做事方法

人活于世，仅仅知道做什么是不够的，因为人的命运取决于做事的结果，而结果取决于做事的方法。做事持之以恒，有毅力，肯努力，这些都是优秀的品质。然而，方法比努力更重要。抓不住事情的关键所在，只知道埋头干事的人，只能白费气力，最终也解决不了问题。对于现实中的年轻人来说，在学习和工作中，努力是好事情，但是光努力是不够的，还要多动脑，多思考，这样才能真正做出成绩。要善于观察、学习和总结，仅仅靠一味地苦干，只埋头拉车而不抬头看路，结果常常是原地踏步，明天将仍旧重复昨天和今天的故事。

每一个人都要努力做到：用脑去想，用心去做。学会思考，学会发现问题、解决问题，学会认认真真地做好每一件事。聪明地做事，好机会就会来到你的身边。大部分人都专注

于他们的欲望，无所作为地工作，以至于没有时间来思考少花时间和精力的方法。缺乏思考能力和做事方法的人，他们往往事倍功半，费力不讨好。

无数人的实践经验证明了这一点：单纯地努力工作并不能如预期的那样给自己带来快乐，一味地勤劳并不能为自己带来想象中的生活。懂得思考，掌握方法，这是做事最关键的一点。身处于竞争激烈的社会中，同样一项工作任务，有的人可以十分轻松地完成，而有的人还没有开始就时不时出现这样或那样的问题。其中的关键，就在于前者用大脑在工作，想方法去解决问题。只有在工作中主动想办法解决困难、问题的人，才能成为公司中最受欢迎的人。

在生活中，我们不可能总是一帆风顺的，当遇到难题的时候，绝对不应该一味下蛮力去干，要多动些脑筋，看看自己努力的方向、做事的方法是不是正确。

从小到大，在我们的美德中，努力与坚持都占据重要的位置。我们无一例外地被教导过，做事情要有恒心和毅力。“只要努力，再努力，就可以达到目的。”这样的观念根深蒂固地存在于某些人的头脑里。

一个人如果按照这样的准则做事，就常常会不断地遇到挫折和产生负疚感。由于“不惜代价，坚持到底”这一教条的原因，那些中途放弃的人，就常常被认为“半途而废”，那些另寻出路的人，也被人称作逃兵。

人活于世，仅仅知道做什么是不够的，因为人的命运取决于做事的结果，而结果取决于做事的方法。不掌握正确的做事方法，往往只是做无用功。正确的方法比执着的态度更重要。调整思维，尽可能用简便的方式实现目标，选择用简易的方式做事，这是聪明人做事的方法。

方向不对，付出再多努力都白费

有句话说得好：方向不对，努力白费。或许，你每天都在加班，工作起来从来不惜力，甚至还是一个彻头彻尾的完美主义者，但是最后却是毫无所获。那么，年轻人，你在持续努力之前，是否选对了方向呢？当我们在穿衣服系扣子的时候，如果第一颗纽扣扣错了，那下面的扣子肯定会跟着出错。人生是一样的道理，如果我们选择的方向不对，那不管我们付出多少倍的努力，最终的结果都是白费。甚至，我们付出的努力越多，越偏离自己想要到达的地方。

只知道跟在别人身后漫无目的地奔跑，只会自食其果。现实生活中，是否也有很多这样的人呢？拥有自己的方向，并懂得正确努力的人，就如一个高尔夫球高手一般，才会在生活这唯一一次的竞赛中取得优异的成绩。

威廉是一个十分勤奋的青年，他特别希望在各个方面都超越别人。经过多年努力，依然没有什么成效，他对此感到迷茫，希望智者能为自己指引一个方向。

这时智者叫来自己的三个弟子，嘱咐弟子们把威廉带到山上，打一担自己认为最满意的柴火。于是，威廉和智者的三个弟子沿着门前的江水直奔山上，智者则在门前等他们。

过了一阵子，首先回来的是威廉，他扛着两捆柴火，智者让他在一边休息。不一会儿，智者的另外两个弟子也扛着柴火回来了。最后回来的是小弟子，他从江面上驶来一个木筏，上面载着八捆柴。威廉见如此情形，解释说："我刚开始就砍了六捆柴火，扛到半路，走不动了，只好扔了两捆；又走了一会儿，还是感觉柴火压得自己喘不过气来，又扔掉两捆。最后我就把这两捆柴火扛回来了，但是，大师我真的已经很努力了。"这时大弟子说："我和他刚好相反，刚开始，我们俩各自砍了两捆柴火，我和师弟轮流担，觉得很轻松，最后，我们还把这位施主丢弃的柴火都挑了回来。"这时小弟子说："我个子矮，没什么力气，这么远的路程，就是一捆柴也无法挑回来，所以，我选择走水路，自己造了一个竹筏，结果就这样回来了。"

智者听了，微微颔首，然后走到威廉面前，拍着他的肩膀，语重心长地说："一个人要走自己的路，无可厚非，关键是如何走；走自己的路，让别人说，也无可厚非，关键是你走的路是否正确。年轻人，你要永远铭记：选择方向比努力更重要，选错了方向再努力也是白费力气。"

人生有很多条道路，路到尽头，我们就应该及时转弯。我们总是敬佩那些执着努力的人，他们的精神被宣扬成主旋律，感染着许多青年人热血沸腾地努力拼搏。但你是否在其中保持一个辨别方向的清醒的头脑呢？有人做过统计，在一般人所作的努力中，无效努力的成分占到80%以上；而促成你的成功的有效努力的成分仅占20%左右。这依然符合二八法则的规律。

因此，我们可以说，积极地开发自己，调动自己的积极性，执着地努力，这些都是年轻人不二的选则。在这中间，你还应该注意：选择正确的方向，始终正确地努力，不要只顾盲目地奔跑，而失去了思考的能力。

记住，方向比努力更重要

上学期间，我们都曾学习过《南辕北辙》这篇课文。这个历史典故之所以千古流传，至今依然被我们广泛学习，就是因为它为我们揭示了一个深刻的道理，即人生只有选定正确的方向，努力才能事半功倍。否则一旦方向错了，即使我们再怎么努力，也无法达到预期的效果。

现实生活中，也许有很多朋友都无法保证自己的人生方向是正确的。这也难怪，我们每个人的人生经验都是有限的，人生阅历也非常少，再加上视野的局限等原因，我们的选择难免会出错。

所谓人无完人，金无足赤，毫无疑问，没有人能够绝对保证自己是正确的。在这种情况下，我们与其如同没头的苍蝇一样到处乱撞，不如仔细斟酌选对方向，从而让自己的人生更加目标明确，效率倍增。

很久以前，有个魏国人准备去楚国。他在出发之前，先是雇用了一个经验丰富的车夫，然后为自己准备了一辆上好的马车，还买了好几匹骏马。然后，他带足盘缠就出发了。他并没有辨识魏国和楚国的方位，就不分青红皂白地命令车夫赶着马车一路往北走。然而，楚国却在魏国的南面，他这么走只这会距离楚国越来越远。遗憾的是，这个人丝毫没有意识到问题的严重性，而是依然命令车夫快马加鞭，加速赶路。

他走着走着，路上遇到了一个行人。行人看他行色匆匆，风尘仆仆，因而问他："老乡，你这是要去哪里呀？"他大声说："楚国。"路人疑惑地问："你从魏国去楚国，应该一路向南啊。但是你却往北走，岂不是越走越远吗？"这个人毫不在意，说："没关系，我的马都是骏马，体力充沛。"路人看到他答非所问，因而哭笑不得，又说："你还是掉头往北吧，你的马跑得越快，你就距离楚国越远。"这个人依然毫不在意，说："没关系，我有很多盘缠。"路人很着急，居然拉住马的缰绳，说："你的方向错了，你有盘缠也都是白白浪费了。"不想，这个人心急如焚想要赶到楚国，因而不由得急赤白脸地说："你这个人怎么回事，我的车夫驾驶经验丰富，赶车本领很高，我当然能到楚国。"无奈之下，路人只好松开缰绳，任由这个魏国人一路向北，赶往"楚国"。

从魏国去楚国，应该朝南走，但是魏国人虽然做足了准备，却偏偏选错了方向，一路向北。这样一来，他必然距离楚国越来越远，甚至再也不可能到达楚国。此外，因为方向错误，他的骏马、充足的盘缠和经验丰富的车夫，全都从有利的条件变得无利，甚至会对这场旅行起到完全相反的效果。

这就是一意孤行的严重后果。他走的时间越长，就距离目的地越远。由此可见，我们不管做什么事情，首先都必须确定正确的方向，然后才能让自己的努力付出得到应得的回报。

现代社会，有很多年轻人看似整日奔波忙碌，但是最终却并没有取得很好的成绩。究其原因，就是因为他们并没有找准人生的方向，因而让自己的很多付出都变成了无用功。甚至，他们还会因为方向错误，导致自己的努力事与愿违。

总而言之，一旦我们的方向错了，不管我们走出去多远，都会距离目标的实现越来越远。这就像是很多孩子在穿衣服的时候不小心扣错了纽扣，那么随之扣好的纽扣必然都是错误的，导致我们重新扣纽扣时，还需要解开这些纽扣。

对于人生，每个人都有自己的规划。在这种情况下，我们必须谨慎思考，慎重展开行动，才能最大限度发掘出自身的潜力，发挥出自身的实力，从而创造自己的人生，收获人生的成就。

记住，方向比努力更重要。我们唯有选择正确的方向，才能集中精力刻苦攻关，才能让自己有所成就。因此朋友们，当你们感到迷茫的时候，不如停下来反思自己是否找到了正确的方向。唯有选对方向，我们才能事半功倍。

勇敢做自己心灵的舵手

很多人在刚刚步入社会时，拥有自己的想法，给自己设计了诸多条成就大事的道路。然而很多人没用多久，在压力及现实面前，就高高地举起了双手，早早地屈服了。自己的理想只存留于幻想中，甚至越来越不被提及。

曾有人形象地把人比作一条船。在人生的海洋中，有的人像无舵船，他们幻想能漂到一个富裕繁荣的港湾。而现实证实这多数是一种幻想和奢望。面对风浪海潮的起伏变化，他们束手无策，只能随波逐流，幸运的能漂进某个避风港，不幸的可能触礁或搁浅。但那些成功者，他们花时间研究计划、确定目标和航向，他们坚持走属于自己的路，从此岸到彼岸，有计划地行进，他们勇敢地做自己心灵的舵手。

理查德这位大学毕业的高才生，最令人诧异的一点，就是他没有成为哪个大企业的骨干，某个科研项目的专家，而是成了一个出类拔萃的油漆匠。

说起理查德，不得不提到他的父亲。这位从墨西哥偷渡过来的老一辈非法移民就是凭着一手好油漆活，在洛杉矶站住了脚。在一次大赦之后，这位老油漆匠拿到了绿卡，成了美国公民。

从小聪明又懂事的理查德经常在放学以后就帮助爸爸干油漆活。几年下来，理查德的手艺大有长进不说，而且有些方面还大有创新，连老爸都有点自叹不如。

理查德在校的学习成绩总是在全年级前三名，并且社区服务的记录也是全校最荣耀的，还获得过全美中学生美术展油画铜奖，这就使得他轻而易举地被哈佛大学录取了。

理查德在哈佛求学的过程中，成绩在班上总是名列前茅。但理查德每次来信，都要对星期天没法摸摸油漆活而大发牢骚。或者，就是盼着早点放假，好回家摆弄油漆。四年很快过去了，理查德虽然成绩优秀，但坚持不上研究院，而是在洛杉矶找到一份薪水蛮高而且非常体面的工作。

工作半年多，理查德的表现相当出色，但他心里总是不忘油漆活。有一次，公司的老板因为理查德工作优秀，就问他对公司有哪些看法，有些什么要求。理查德说，公司把有些部件拿到外面去做油漆不仅成本很高，而且质量也不理想，如果公司成立油漆部，就会很好解决这个问题。老板笑着说："这谈何容易？买设备倒是小事，招聘优秀的油漆技师可不是一件容易的事情。"理查德说："用不着招了，你面前就有一个。"于是，理查德把自己的经历同老板说了个明白，并且，还把招一些年轻人由他亲自培训的构想和老板进行了沟通。老板当即决定，成立油漆部，由理查德任经理兼技师。

理查德兴冲冲地告诉老爸自己提升了。当老爸知道儿子任油漆部经理时，半天没说出话来。虽然家里人一再规劝理查德三思而后行，但理查德坚持走自己的路。经过几年的努力，这个油漆部的工作非常出色，白宫有些用品都指定在这里加工。

许多事例证明，别人给予你的意见和评价，往往不是正确的。20世纪最伟大的科学家爱因斯坦4岁时才会说话，7岁才会认字。老师给他的评语是“反应迟钝，不合群，满脑袋不切实际的幻想”。享誉世界的音乐家贝多芬学拉小提琴时，技术并不高明，他宁可拉他自己作的曲子，也不肯做技巧的改善，他的老师说他绝不是块当作曲家的料。大文豪托尔斯泰读大学时因成绩太差而被劝退学。老师认为他“既没读书的头脑，又缺乏学习的兴趣”。如果以上诸位成功人士不是走自己的路，而是被别人的评论所左右，那他们就不会取得举世瞩目的成就。

几十年前，一位住在犹他州首府盐湖城的年轻人做了一件反常的事，令认识他的人大跌眼镜。在这之前，他因为工作勤勉努力，生活节俭有规律而被所有朋友称道。

他做了什么呢?原来他从银行中取出他的全部积蓄买了一部新车，这还不是最“愚蠢”的，当他把新车开回家后，就在车库里动手拆卸汽车，车库里摆满了零零散散的汽车零件。他仔细检查了每个零件，然后又把汽车装好，这个行为重复了许多遍，人们对此感到大惑不解，嘲笑他是不是“疯了”。

几年后，那些嘲笑过这位年轻人的人不得不承认他们错了，而这位年轻人具有明智的见识。他开始制造汽车了。他的产品领导了整个汽车工业，他还在汽车这个领域做了许多有价值的改进和革新，他成功了。这个当年反复拆装汽车的年轻人名叫沃尔特·珀西·克莱斯勒。

很多特立独行的成功者在走自己的道路的过程中，总会听到别人不同的意见，但他们对自己的信念始终坚定不移。当别人对你的行为抱有怀疑甚至是反对的态度时，坚持自我的意见，才能有更大的突破。

人活着并不是因为千篇一律而有价值，那些伟人，都是拥有自己独特的思想，并坚持自己人生方向的人。如果你对自己选择的路不迷茫，持续努力，那未来一定会有所收获。

你不必过于在意别人的看法。用心思考，你会发现，几乎每一个成功的故事都源于一个伟大的想法，而故事的主人公无一例外地会遇到怀疑和困境。而他们的过人之处就在于能够使这些杂音在头脑中沉寂下来，让自己静静地倾听真正的声音。他们的“疯狂”并非真的盲目，其中蕴含着目的，蕴含着方法。

第 04 章
拖延是进步最大的敌人，克服了它你的努力才会有效

生活中有些人总在说努力，他们决定今天要干这件事，明天要干那件事，但却总是拖沓，直到过了明天还在原地踏步，什么事情都没有干成。在人生旅途中，拖延是进步最大的敌人，只有克服它，你的努力才会更加有效。

拖沓习惯是一种恶性循环

我们生活的周围，总有人这样感叹：“压力真是太大了，总有很多事做不完。”其实，你的压力从何而来呢？如果从不拖延时间，还会如此忙碌吗？你是否有过这样的经历：周一的早上，整装待发的你来到公司，上司交给你一项任务，并嘱托你这件事十分紧急，周一下班前必须交上去，你连连点了头，你明白这是上司在给你表现的机会。

你暗暗下决心，一定好好工作，不过不急，还是先把办公室收拾一下吧，太乱了；还有，最好先冲杯咖啡，早上人的精神状况不是很好；再看下微博吧，看看周末好友们都去做什么了；新闻也该浏览浏览……就这样，一个小时过去了，两个小时过去了，你的工作还未开始。

相信这是很多职场白领工作的真实写照，你是不是经常陷入这种泥潭中不可自拔，你是不是觉得压力很大，甚至已经无法透气了。

我们发现，在接受一项工作任务后，由于拖延，时间慢慢流逝，我们也逐渐变得焦躁和不安，在这样的情绪下，我们会选择更多其他的方法来逃避，到了工作的截止日期，我们开始坐立不安、充满焦虑感，压力直接扑向我们，让我们十分难受。

其实任何一名拖延者都清楚这是一个恶性循环，也知道拖延的负面效应，但他们还是似乎无法避免地陷入这个泥潭中，那么，为什么会这样呢？我们大致分析一下，原因如下：

第一，太过自信。

一些人在接受任务时，会想："太小儿科了，根本不值得我花费精力和时间去处理，过两天再说吧，不着急。"然而，他们低估了事情的难度，当时间接近尾声时，他们再开始处理的时候，发现时间已经不够了。

第二，自信心不足。

与第一种情况完全相反，这些人对自身的能力进行评估时，认为自己能力不够，会影响其他同事的工作进度，尤其是被其他人催促后，他们的自卑心更严重了，于是，为了逃避这种心理，他们就选择了拖延。

第三，排斥工作。

一些人面对难度大、费时多的工作，便产生了一种厌烦的情绪。于是，他们便能拖多久就拖多久，甚至到最后时间也不愿意开始执行。

其实，日常工作中，我们在执行某项任务时，总会遇到一些问题。而对待问题有两种选择。一种是不怕问题，想方设法解决问题，千方百计消灭问题，结果是圆满完成任务；另一种是面对问题，一筹莫展，不思进取，结果是问题依然存在，任务也不会完成。

拖延势必会造成压力，而压力过大对于一个人的负面影响是毋庸置疑的，那么，我们如何才能走出这样的恶性循环呢？

1.制订工作计划

在开展工作时，我们可以作出一个详细的关于每月或者每周的工作计划，并养成一种良好的工作习惯，避免工作时紧时松，使工作时间得到合理安排。

2.克服畏难情绪，规定自己首先处理一些重要事务

我们每天都要处理很多事务，对此，很多人认为，先处理那些不紧要的事务，会起到激励自己的作用。实际上，这种想法是错误的。把最紧要的工作拖到最后来干，你会发现，经过一天疲惫的工作后，你已经没有精力和时间来完成它了。

而我们之所以有这样的想法，实际上是因为有畏难情绪，是有意识地回避那些重要的、难度大的工作。因此，我们一定要克服这样的心理倾向，首先着手最重要的工作，用足够的时间和精力来处理它，并把它办好。

3.为自己设置一个必须要完成的期限

曾经有个实验，面对一个学习平均成绩很低的儿童，家长

准备让他修学分最低的功课，但儿童心理学家却提出了完全相反的意见——建议他多修一些课。结果出乎大家意料，这个学生多修课后，所有功课成绩不降反升。事实上，这个学生要做的就是打起精神，提高学习效率。

很简单的道理，如果我们发现距离最后期限的时间尚早，那么，我们也不会有紧张程度，而随着时间的临近，我们的紧张程度就会增加；到了最后期限，我们完成任务的积极性、关注度就会完全被激发出来。

为克服惰性，避免拖拉的现象，我们应该为工作设置一个尽可能短的完成时限，通过给自己压力而产生动力，这样，所有的工作便能尽快地完成。

而对于那些对未来起重要作用的长远目标和长远规划，则应进行合理分解，并细化到为这些分解后的目标也设置一个严格的时限，这样做的好处是防止我们在日常工作中将这些小目标忽视和遗忘。

总之，时间在现代社会里已成为一种有限的资源，为此，我们必须戒除拖延的坏习惯。这样，我们就能提高工作效率，减少工作压力，从而更轻松地工作、享受工作带来的乐趣。

消极的环境会影响你的行为习惯

在前面的分析中，我们已经了解到，人的拖延行为并不是先天形成，而是后天所致，是受外界环境因素的影响和我们后天心理变化而产生的，因为拖延行为和习惯的产生，我们的预期目标总是无法完成。相信你曾经历过这样的场景：原本你打算开始工作的，但看到其他同事在一起聊天喝茶，你的心情也放松了很多，认为自己也可以不着急。我们也常常这样安慰自己："他们都还没开始呢，不着急。""每次他们开始一半了，我才开始也能完成工作，他们都还在娱乐呢，我也可以等一等。"我们总是以他人的标准来看自己的行为，如果看到别人还未实施，我们就好像获得某种恩准一样可以不工作。

事实上，在我们的工作和生活中，我们的拖延行为和习惯的产生，也是与周围人的影响有着密切的关系，对他人行为的模仿和学习常常也让我们陷入拖延的沼泽中。

只要我们处于一个集体中，我们都会不自觉地以他人作为参照物来衡量自己的行为，也会模仿和学习他人的行为习惯，尽管这些习惯未必全是积极的。我们来看下面的案例：

小徐是个很热情活泼的年轻人，他在一家广告公司工作，他聪明、办事能力强，与周围人的关系相处得很好，也深知协作的重要性，所以他总是保持着和同事们一致的工作进度。这不，领导刚交给大家一个任务，希望大家能分工完成。

这天中午，小徐问另外两个同事："你们开始做了吗？"

"没有，周四开始也来得及呢，这个项目我们有很多经验，花不了多少时间的。"

"就是啊，每次我们交上去了策划案，领导还不是过了好几天才看。"

小徐听到这里，也觉得是这个道理，于是，就和其他同事一样拖到最后才开始。

妞妞是一名大二的学生，她住在一个四人间的女生宿舍，四个女孩的关系非常好，无论是上学还是放学，甚至连吃饭睡觉都是同一个节奏。

妞妞是个农村孩子，在老家的时候是个十分勤快的女孩，学习也一直勤奋、努力，做事积极，而她的另外三个室友都是富裕家庭的孩子，娇生惯养的，有着一些不好的行为习惯，其中就有拖延。在经过了一年多的相处后，妞妞也适应了她们的习惯。

这天上午九点半有堂课，现在已经八点半了，大家都还没起床，妞妞问："你们还不起来啊？"

"再睡一下吧，九点起来也可以。"小美回答。

"就是，半个小时时间够了。"

“那好吧。”于是，大家又沉沉睡去。过了一会儿，妞妞一看表，已经十点了……

上面两个案例中，职场白领小徐和学生妞妞为什么会产生拖延的行为习惯？原因当然有很多，不过最重要的还是周围人的影响，他们看到周围人迟迟未开始，自己获得了心理安慰，也就没有紧迫感。

其实这一情况在我们很多人身上都发生过，我们在生活中也常说：“近朱者赤，近墨者黑。”这就是环境对一个人的影响。一个人最终能形成良好的习惯还是恶习，也是环境对我们作用的结果。

具体来说，以下三种因素会让我们产生拖延行为：

1.从众心理让我们一拖再拖

我们都是社会的人、集体的人，任何人都不可能单独存在，我们是家庭的成员，是企业的成员，所以，无论你是什么身份，你都会接触到各种各样的人，你的行为也会受到他们的影响。

同样，在你的工作环境中，也总是有一些和你关系要好的同事。试想，快到下班时间了，你的任务还没完成，你原本想，再工作一会儿，别把工作拖到明天，但这时，你的铁哥们儿已经朝你走过来了，他兴致勃勃地对你说：“走，晚上去喝一杯，兄弟几个好久没聚了。”

“可是我的工作还没做完呢。你们去吧。”

“去吧去吧，大家都等着你呢。”另外几个同事也走过来说。

此时，你真的动摇了，也就跟同事一起下班了，你的工作，也被你抛到九霄云外了。

的确，人都有从众心理，尤其是面对那些烦琐的工作、沉重的压力，这一心理就会被激发出来。只要我们找到行为的榜样，我们就会效仿他，你在不知不觉中形成了拖延行为，并且一旦形成，成为习惯，便很难改变。

2.我们能从他人的拖延行为中获得心理安慰

自古以来，人与人之间都会比较，甚至是攀比。有些人会攀比某些外在的因素，比如金钱、社会地位等；一些人会在行为上进行攀比，同样的工作，别人有没有做。这不是刻意的比较，而是无意识的，以此来获得某种心理平衡或者证明自己的价值。

同样，在工作中，当我们看到周围的同事还未着手做某件事时，我们也会告诉自己：“他都没开始呢，我何必着急？”或者我们的心里有这样一种声音：“我们能力相当，他也没做，如果我们同时晚点做，我是能在他前面完成的。”这样，无形中，你们并未同时努力工作，而是同时将工作押后了。

3.对他人拖延行为的模仿

我们从出生开始，就在学习和模仿。我们学习如何走路、说话、识字等，这些是好的模仿行为，但也有一些不好的，比如说脏话、懒惰、拖延等。

的确，从正面的、积极的学习和模仿中，我们不断成长、获得知识和技能，然而，对那些不好的行为习惯的模仿，让我们变得消极怠惰。比如，当你看到周围的人都没有完成工作也没有什么严重的后果，你便暗示自己，“我也不用那么快完成工作，慢慢来吧”，结果可想而知，我们便陷入了拖延的泥潭而无法自拔。

还有一点，我们总是希望自己能被周围的人喜欢，都希望自己能合群。对于众人的拖延行为，如果你鹤立鸡群，与众不同的话，势必会被排挤出去，为了避免这一点，在潜移默化中你也在学习如何拖延。

总的来说，我们的拖延行为在很大程度上是源于对周围人的模仿和学习，这能使我们获得心理安慰，对此，千万不可小觑这一负面影响。认识到这一点，当我们处于某一集体中时，我们就一定要懂得去其糟粕，取其精华，否则便会对自己产生不利的影响，形成拖延习惯，甚至难以自拔。

全力以赴去努力，而不是拖延

现实生活中，我们大部分人都必须要面临各种各样的选择，比如读书的时候选择什么专业，毕业了选择什么行业，到底要不要嫁给追求自己的男人。这些选择决定了我们的生活，甚至影响了我们的一生。我们也知道，无论你做出什么样的选择，都不要后悔，否则，只会给你带来更多困扰。但更重要的一点是，无论做出什么抉择，都要全力以赴，而不是拖延。

事实上，太多的人花费了太多的时间在抉择上，他们衡量选择的利弊得失，他们总认为自己能选到最好的。其实，在左右选择和迟疑的过程中，大把的时间已经浪费了，机会也已经流失了。

拖延的一个重要原因就是他们觉得自己能找到最好的选项。而对于拖延的后果，他们也能找到自我安慰的理由：没有得到的就是最好的，下一次一定会更好。他们会选择那些更具有挑战性的工作，工作难度也就会无形中增大，他们需要花费更多的时间，他们也就找到借口再延迟一段时间开始工作，结果可想而知。

为此，我们需要明白两点：

1.不要让时间在选择中浪费

任何一家大公司都致力于培养员工的执行力和决断力，实际上，那些成功的管理者之所以成功，也正是因为他们能杜绝拖延的坏习惯。

有一位企业领导，他有个长处，那就是不受他人干扰，即使有人在他旁边唠唠叨叨，他也能静下心来把事情完成，并且，干净利落，决不拖泥带水。他那种明快果断的本领，十分令人折服。不得不说，工作中的很多人很难做到这样，他们常被身边的各种问题困扰、烦心，因为他们太容易被周围人的闲言碎语所动摇，太容易瞻前顾后，患得患失，以至于给了外来的力量左右他们的机会。这样，似乎谁都可以在他们思想的天平上加点砝码，随时都有人可以使他们变卦，弄得别人都是对的，自己却没有主意，白白浪费了时间。

的确，当需要我们执行的时候，当断不断，必受其乱。为人行事，必须坚决果敢，当机立断，一旦决定下来就应该马上去做，如果前怕狼，后怕虎，只会白白丧失很多机会，考虑太多只会造成“竹篮打水一场空”的后果。

作为一名职场人士，你应该记住这个道理：只要是自己认定的事情，绝不可优柔寡断。犹豫不决固然可以免去一些做错事的机会，但也失去了成功的机遇。

这个道理同样可以运用到如何抓住机遇上，在你决定做某一件事情之前，你应该运用全部的常识和理智慎重地思考。如果发现好的展现自我的机会，就必须抓紧时间，马上采取行动，才不致于贻误时机。如果犹豫、观望而不敢决定，机会就会悄然流逝，后悔莫及。瞻前顾后的行动习惯使人丧失许多机遇，很多时候，很多事情，如果你能横下心去做，事情的结果就会大不相同。

不要小看了优柔寡断的习惯给你带来的副作用，许多可以改变命运的契机，都因为我们的优柔寡断而与我们失之交臂，永不再来。

2.得不到的未必是最好的

有人问，人生在世，最珍贵的是什么？长久以来，大多数人认为世间最珍贵的东西是“得不到”和“已失去”。

人们常说，越是得不到的东西，才越觉得珍贵，这是为什么呢？这是因为得不到的东西，才会让我们不断去憧憬和幻想，才会不断去追求。有些人对于那些得不到的东西，即便飞蛾扑火，哪怕穷其一生也去追求。得不到的东西才是最珍贵的。是啊，因为得不到，我们才憧憬，才梦想，才穷其一生去追求。而一直得不到的感觉会牵动我们的神经，会让我们感到怅然若失，会深深印在我们的记忆里，会影响我们的生活和思想。

得不到和已失去固然珍贵，但这并不是最珍贵的，人间最珍贵的应该是当下。日休禅师曾经说过：“人生只有三天——昨天，今天和明天。”活在昨天的人迷惑，活在明天的人等待，只有活在今天的人最踏实。是的，已失去好比是昨天，得不到好比是明天。珍贵的昨天已经失去，不再回来；没有得到的明天还没有来临，不能把握。

同样，对待我们的工作，一些人何尝不是这样的心态呢？其实，结果也一样。对于那些我们“得不到的东西”，我们在付出热情后未必有回报，因为的确存在一些根本不可能完成的任务，热衷于这些事情又有什么意义呢？既然如此，为何不开始着手你手头的工作呢？我们最该专注的也是手头事，努力将它们做到最好，努力避免拖延行为的产生。

悲观情绪让你产生拖延

工作中，我们犯错了，或者工作任务没做完成，我们被领导叫到办公室狠狠地批评了一顿，此时你是什么心情？是不是感到十分委屈？是不是感觉自己在领导心里留下了极为不好的印象？是不是觉得自己日后在职场无立身之地了？一系列负面的暗示让我们的心情十分糟糕，我们沉浸在悲观之中，还有什么心情工作，于是，手头上的工作一拖再拖。

可见，悲观情绪会让我们产生拖延，产生更大的压力。

心理学家说：“人的性格弱点就在于好高骛远，总是向世界提出不切实际的要求。”这就是不成熟的表现。现实生活中，很多人产生悲观情绪主要是因为犯了错，一味地悔恨让他们感到失望、悲观。其实，人非圣贤，孰能无过。任何人都会犯错误，关键在于能否从中吸取教训，分析犯错的原因，避免今后犯相同的错误。犯错误未必是一件坏事。错误让我们看到自身的缺点，认识到自己的不足，这样我们才会从错误中逐渐成长起来。

那么，针对因悲观而产生的拖延问题，我们该怎样解决呢？

1.别再抱怨你的失败

想立刻有所改善，就必须从现在起，从我们所处的一片混乱的环境中解脱出来，去重新梳理自己走过的路，看清楚功过得失，这样，我们就能做到心平气和，也就自然能管理自己的情绪了。

2.转变观念，别再沮丧

除了工作，生活中的我们也可能遇到某些困难，遇到某些不顺心的事，你可能会因此变得沮丧。其实，你应该告诉自己，困境是另一种希望的开始，它往往预示着明天的好运气。因此，你只要放松自己，告诉自己希望是无所不在的，再大的困难也会变得渺小。

3.自我性格的纠正，成为一个果敢的行动派

无论是企业还是领导，最不希望看到的就是员工因为犯错而一蹶不振，进而工作拖沓，他们也常常鼓励员工从错误中不断学习、不断提高。松下幸之助说：“偶尔犯了错误无可厚非，但从处理错误的做法中，我们可以看清楚一个人。”施振荣说：“宏碁有一个特点，就是允许犯错。因为我们认为，认输才会赢。”世界五百强企业西门子也同样允许下属犯错误，在他们看来，如果员工在几次错误之后变得更“茁壮”了，那对公司是很有价值的。

领导所欣赏的是那些能够正确认识自己错误，并及时加以补救的员工。因为一个人对待错误的态度可以直接反映出他的敬业精神和道德品行，敢于承认错误可以使人更伟大，而不肯认错的人则迟早要被公司清除出去。另外，这也能体现一个员工发现问题、解决问题的能力。

4.做一个上进的人，提升自己解决问题的能力

我们每一个人，都应该学会提升自己，这是保持思维活力的最佳良方，为此，你一定要树立终身学习、随时学习的理念，要善于发现身边值得学习的东西。因为提升自己不一定要脱离现在的工作，更没必要脱产走回学校。因为年龄、经济等条件不允许，我们不可能再返回纯粹的学生时代。随用随学，做有心人，留心身边的人和事，学会随时发现生活中的亮点，

并注意总结别人的成功经验，拿来为自己所用，这可能是生活和工作中能让自己进步得最快的一招。

也就是说，我们要做一个上进的人，要不断扩大自己的视野和知识领域，才能有所收获。我们要把学习当成一生要做的功课，这样才有助于塑造一个心智成熟且具有良好的世界观的聪明人。

总之，弱者任思绪控制行为，强者让行为控制思绪。你必须知道，在通往破除拖延行为和习惯的路上，管理情绪可是一个重要关卡。因此，我们不难想到，只有积极乐观的人才有立即行动的执行力。

别做三分钟先生

生活中，大概我们每个人都有这样的经历：我们买好了很多种食材，准备熬一锅鲜美的汤，然而，熬一锅汤往往需要好几个小时。这期间，我们因为耐不住寂寞，而提前结束了熬汤的过程。很明显，这锅汤是欠火候的，我们为此悔不当初。其实，何止是熬汤呢？我们做很多事的时候，都会因为克服不了浮躁之气而最终失败。艾森豪威尔说：“在这个世界，没有什么比‘坚持’对成功的意义更大。”的确，世界上的事情就是这样，成功需要坚持。雄伟壮观的金字塔的建成正因为它凝结了无数人汗水；一个运动员要取得冠军，前提就是必须坚持到最后，冲刺到最后一瞬。如果有丝毫之松懈，你就会前功尽弃，因为裁判员并不以运动员起跑时的速度来判定他的成绩和名次。

现实生活中，我们不少人，无论是工作还是学习甚至是在个人的兴趣爱好上，通常都有一个缺点，那就是三分钟热度，做不到持续。而三分钟热度的一个主要内因就是惰性，他们的注意力很容易被其他事情影响，而这正是很多人始终不能有所成就的原因。

伊格诺蒂乌斯·劳拉也有一句名言："一次做好一件事情的人比同时涉猎多个领域的人要好得多。"托马斯·爱迪生曾说过："成功中天分所占的比例不过只有1%，剩下的99%都是勤奋和汗水。"的确，在太多的领域内都付出努力，我们难免会分散精力，进步受阻，最终一无所成。也就是说，我们每个人，只有专心致志于一行一业，不腻烦、不焦躁，埋头苦干，不屈服于任何困难，坚持不懈，才能有所成就。只要你坚持这样做，就能造就优秀的人格。

相反，那些对奋斗目标用心不专、左右摇摆的人，对琐碎的工作总是寻找托词，懈怠逃避，他们注定是要失败的。如果我们把所从事的工作当作不可回避的事情来看待，我们就会带着轻松愉快的心情，迅速地将它完成。瑞典的查尔斯九世在他还年轻的时候，就对意志的力量抱有坚定的信念。每每小儿子遇到什么难办的事情，他总是摸着小儿子的头，大声说："应该让他去做，应该让他去做。"和其他习惯的形成一样，随着时间的流逝，勤勉用功的习惯也很容易养成。因此，即使是一个才华一般的人，只要他在某一特定的时间内，全身心地投入和不屈不挠地从事某一项工作，他也会取得巨大的成就。

那么，具体来说，我们该如何提升自己的专注力呢？

1.一次只做一件事

如果你决定了做一件事，那么，你就要做到专注，然后，你需要问自己："在这些要做的事情中间，哪件事最重要？"选出那件最棘手的事，然后保证自己在接下来一段时间内只专注于它。

2.排除干扰

在你准备做一件事时，请收拾好你的书桌，关闭手机，关闭电脑的浏览器等，避免那些容易使你分心的事，你的学习和工作效率会提高很多。

3.明确做事动机

明确你办事的动机会有助于加强你的专注力，并且能让你完成任务。你要知道你为什么要去专注于某事，而且要清楚如果你不专注于此事会有什么样的后果。

此外，你可以想象一下假如你朝着一个方向前进的话，你的生活将会是什么样子的。想象一下你理想中的生活，让它清晰可见并让它时刻浮现在你的脑海中。

4.深呼吸

当你开始新的一天时，问自己一个问题，“我在呼吸吗?”然后做几次深呼吸，问你自己：“我现在感觉放松吗?”如果你的回答是“不太放松”，那么先什么也不要做，开始深呼吸。

5.享受当下

当下是我们所拥有的一切。生活只存在于当下。珍视它，祝福它，感激它，体验它。不论你在做什么，充实地生活。

总之，在对有价值目标的追求中，坚忍不拔的决心是一切真正伟大品格的基础。充沛的精力会让人有能力克服艰难险阻，完成单调乏味的工作，忍受其中琐碎而又枯燥的细节，从而使我们顺利通过人生的每一个驿站。

消除拖延思维，立即行动

对于现代社会中的很多人，尤其是年轻人来说，拖延症已经成为他们中的高发病症。具体表现为做事拖拖拉拉、怕接受工作任务，甚至经常到最后一刻才开始执行等。对于我们每个人来说，拖延的习惯都会影响我们做事的效率，无论是职场上还是学习上，也会给别人留个懒散的印象。那么，如何克服这个坏毛病呢？

我们都知道，人的思维指导行动，对于拖延者来说，他们之所以做事懒散、行动拖拉，多数情况下是因为拖延思维导致的。在他们内心，常常有这样的声音："再等会儿去做也没关系。""大家都还没动手呢，我不必着急。""太难了，实在找不到办法。"很明显，这些都是拖延思维，对我们的行动给予的是负面的暗示作用。

可见，如果你经常为自己的拖延行动找借口，那么，很可能是因为拖延思维的影响。要解决拖延症，你首先要做的就是消除拖延思维。要知道，任何人都不可能帮助你改变现状，能拯救你的只有你自己。

在逐渐改正拖延习惯的过程中，我们必须始终激励自己，相信自己能做到，那么，我们就能做到。

通常来说，拖延思维是消极思维的一种。如果我们不摒弃拖延思维，那么，我们只能无止境地拖延下去。事实上，我们在做事的过程中，也总会遇到一些困难，此时，我们需要调节和控制自己的心态，鼓励自己能做到，这样可以给自己精神动力。

克服拖延症其实就是一种自我管理，它和做其他事一样，假如不存在困难，那么，也就体会不到成功时的快乐，以这样的信念激励自己，能帮助我们克服很多负面心理。

总之，任何一个希望解决拖延症的人，都应该摒弃消极的拖延思维，始终相信自己能做到自控和立即执行，以这样的信念引导自己去做事，相信一定能有所收获。

第 05 章

努力改变，活成自己喜欢的模样

你身上是否有连自己都讨厌的习惯，比如拖延、懒惰等，有那么一瞬间连自己都看不下去了。那么，不妨努力改变吧，从根本上改变自己，然后学会喜欢自己，别人自然会喜欢你。

改变推动幸福人生

现实生活中，无数人被抱怨纠缠，抱怨已然成为他们生命中根深蒂固的习惯，不管遇到任何问题，他们的第一反应就是抱怨。即使寻求解决的办法，也要等到抱怨之后才能切实展开行动。在这样的人生中，抱怨俨然成为魔咒，让人生的一切都变得暗淡无光，也使我们的人生了无希望。其实与其花费宝贵的时间和精力来抱怨，还不如把这些时间用来改变自己，最起码能够在行进的过程中找寻到一线生机，使人生更加顺遂如意。

改变，是一切进步的开始。古今中外，任何大的变革之后也许都会遭遇一段时间的动荡，但是整个社会也会因此前进一大步。可以说，社会的进步就是由变革推动的。同样的道理，人生也是由改变推动的。倘若人们在面对人生时，总是不知所措，也不知道如何更好地面对未来，那么人生必然仓皇失措，也失去方向。这就像是盲人摸象一般，与其毫无行动地胡乱猜疑，不如展开行动，哪怕只摸到大象的耳朵也是摸到了冰山一角，接下来继续展开探索之旅，反而能够让人生更加切实进步。

任何时候都不要拒绝改变，否则我们就会陷入陈旧的规矩之中，无法逃脱自身的禁锢。正如一位名人所说，人最大的敌人是自己。任何情况下，禁锢我们的也恰恰是我们的心灵。只要我们能够勇敢地打破那个泥塑的自我，让自己在不断的历练中成就非凡，我们的人生也就会从此与众不同。

只有改变，我们才能让命运出现契机，只有改变，我们才能让人生出现转机。只有改变，我们才能摆脱抱怨的魔咒，更好地认清楚自己，也竭尽全力地提升和完善自己。面对这样一个崭新的自己，还有什么是不可能实现的呢！朋友们，赶快行动起来吧，改变从这一刻开始！

只要不放弃，没有什么不可能

世界酒店大王希尔顿用200美元创业起家，有人问他成功的秘诀，他说："信心。"美国前总统里根在接受《SUCCESS》杂志采访时说："创业者若抱着无比的信心，就可以缔造一个美好的未来。"哈佛告诉我们：自信是成功的助燃剂，自信多一分，成功就可以多十分。爱迪生曾经试用1200种不同的材料做白炽灯泡的灯丝，但是都失败了，有人批评他："你已经失败了1200次了。"可是，爱迪生不这么认为，他充满自信地说：“我的成功就在于发现了1200种材料不适合做灯丝。”正是怀着这份自信，爱迪生最后获得了成功。那些成功者的经历，其实就是心理学中的“自信心效应”，只要不放弃，那就没有什么不可能。

心理学研究中把这种由外界某种刺激的作用下，激发了一个人的自信心，使人重新振作，努力实现自己的志向的社会心理现象，称为“自信心效应”。自信心是一个人对自己力量充分估计的一种自我体验，是自我意识的能动表现。每一个想要成功的人不可能缺少强烈的自信心，艺术大师徐悲鸿曾说：“人不可有自负，但不可无自信。”如果说自卑是成功的敌人，那么自信就是成功的第一秘诀。

邓亚萍说：“当运动员时什么事情都不用考虑，退役以后的生活和原来有很大的转变，对许多运动员来说，当生活成为习惯后，要让他坐下来读书，他是坐不住的，他没有主动性，或者说没有紧迫感。”而邓亚萍之所以能够转型成功，除了她能够调整自己的心态，最关键的在于她始终抱持着“不放弃”的信念，她坚信只要自己不放弃追寻目标，那么就没有什么不可能。

在生活中，有许多身有残疾或者处于逆境中的人，他们之所以能取得旁人难以想象、难以达到的成就，正是因为他们有一股强大的精神动力——自信心。一个自信心很强的人，他会相信自己的力量，无论什么样的困难与挫折都不能阻挡他前进的步伐，从而赢得成功。相反，一个缺乏自信心的人，他看不到自己的力量，看不到自己的优点与长处，在追逐目标的过程中，他失去了克服困难的信心和勇气，最终，他只能面对失败，与成功失之交臂。人生需要有自信心，永远不放弃自己追寻的目标，那就没有什么不可能。

不找借口，担责让你更帅气

一个敢于担当的人，总是能够得到他人的尊重，也能够得到上司和领导的赏识。在现代职场上，分工越来越明确，任何工作上的小小失误都会找到相对应的责任人，但是因为往往采取团队作战的方式，所以我们也必然面临责任的划分问题。在责任界定不够清楚的情况下，我们与其被动地推卸责任，甚至还有可能招致上司的不满，不如主动承担责任，从而有则改之，无则加勉，不但帮助同事分担了责任，也因为有责任心有担当得到领导的赏识，如此岂非一举两得吗？

从个人的角度来说，一个人要想获得迅速的成长和长足的进步，更应该主动承担责任。在承担责任的过程中，我们对于自身的认识更加深入，对于责任的理解和定义也更加深刻，最重要的是还能够提升和完善自我，从而使自己真正获得成长。偏偏职场上大多数人都不愿意承担责任，面对“从天而降”的责任，他们宁愿不停地抱怨，绞尽脑汁地寻找借口推托。可想而知，这样的人在职场上必然得不到重任，还会因此失去上司的器重和赏识，可谓得不偿失。

通常情况下，一个善于为他人着想的人，更能够主动承担责任。相对应地，一个人如果非常自私，只在乎自己的利益，也就必然会采取各种推诿的方式推卸责任。众所周知，职场是以成败论英雄的，成功无疑能够给我们带来荣耀和光环，也能使我们得到上司的认可和赏识。然而很多人都不知道的是，失败也同样是公司对于职员的一次投资。例如，对于一个职场新人，公司早就做好了新人会不断犯错的准备，然而公司在招聘之初之所以愿意聘用新人，也正是因为做好了承受损失，付出代价，帮助新人逐渐成长的准备。可以说，每家公司拥有的经验丰富、能够独当一面的老职员，都是公司不断栽培起来的。从这个角度而言，我们因为责任心而承担责任，恰恰是公司领导宁肯承受损失也愿意看到的，因为他们更在乎的是职员的迅速成长。为此，我们必须告诫职场上的朋友们，再也不要因为不想承担责任而一味推诿了，当你勇敢地承担责任，你会发现你反而得到了上司的认可和赏识，甚至职业生涯也由此变得一片光明。

作为一起进入公司的新人，赵凯和陈佩的起点相差无几。他们都毕业于同一所学校，而且都没有工作经验。也因为是应届大学毕业生，他们在找工作之初颇费周折，因为很多公司都不想投入太多培养新人，而更倾向于聘用有经验的员工。只有这家公司，给予了他们这两个初出茅庐的大学生宝贵的机会，并且招聘主管说："希望你们能和公司一起成长，最终成为真正的人才！"

很快，三个月的试用期就过去了，赵凯和陈佩因为勤奋踏实，努力肯干，都得以继续留在公司。然而，半年之后，他们俩一起负责的项目却出了大问题，给公司造成了严重损失。为此，上司狠狠地批评了他们，并且让他们分别写一份检讨书，还说有可能让他们也分摊一定的经济损失，作为对他们的警告。听到上司说得这么严重，赵凯和陈佩都很愧疚，因此当即开始写检讨书。很快，赵凯的检讨就交上去了。在检讨书里，赵凯非但没有反思自身的原因，反而把所有的责任都推到了陈佩身上，因而他的检讨书看起来更像是推卸责任为自己辩解的告白，让上司很不满意。直到几天之后，陈佩才交上了自己的检讨书。在这篇长达五千字的检讨书里，上司看到了陈佩对于项目失败的深刻反思，也看到陈佩如今已经知道了自己的不足和找出了导致项目失败的诸多原因。最可贵的是，陈佩把所有责任都主动承担下来，这让上司对陈佩刮目相看。从此之后，上司有了重要的项目依然会交给陈佩，但是却渐渐“冰冻”了赵凯。很快，陈佩就因为在工作上飞速的进步和出色的表现，得到了提拔和晋升。赵凯呢，似乎也感受到上司对他冷淡的态度以及被冰封的工作状态，最终选择了辞职。

原本，赵凯和陈佩都能够得到上司的重用，最终，却因为对待责任的态度不同，他们也有了截然不同的职业命运。任何上司都不会喜欢一个推卸责任的人，因为一个人如果在犯错之后只知道推卸责任，就无法静下心来思考自己在失败中的得失，也就无所谓取得进步。相反，假如人人都能像陈佩一样深刻剖析自己在工作中的表现，那么上司完全有理由相信他通过一次失败，获得了长足的进步，也绝不会在未来的工作中再犯同样的错误。如此一来，他又怎能不进步神速呢？

一个人呱呱坠地时，没有任何生活经验。即便学习简单的走路，小小的婴儿也需要不断地努力，在经历无数次摔倒之后才能踉跄前行，更何况是成人面对越来越沉重和复杂的人生呢？我们要做的不是知难而退，也非绕道而行，而是不断地在人生路上勇敢地尝试。唯有如此，我们才能坚持从失败中汲取经验和教训，也更加快速地提升自我。尤其需要注意的是，当失败已经产生，一味地抱怨不但毫无用处，反而会贻误弥补错误的宝贵时间。我们唯有养成从自身出发寻找问题根源的好习惯，才能最大限度促进自身发展。记住，没有人会对一个勇于承担错误的人感到不满，与其因为推卸责任招致他人不满，不如勇敢承担责任赢得他人的另眼相看和欣赏器重，这样我们的人生之路才会更加平坦。

你的能量，超出你的想象

你的能量，超出你的想象！这是在电视上很常见的红牛广告，今天，我们要对每一位读者朋友说：你的能量，超出你的想象！

每个人都拥有潜能，所谓潜能，顾名思义，就是一个人还没有明确表现出来的、潜在的能力。有位名人曾说，其实每个人的客观条件都相差无几。那么，为什么有的人获得成功的人生，有的人却一生之中碌碌无为，还时常与失败为伍呢？真正的原因并非在于客观条件的差距，而在于那些成功者都充分发掘了自身的潜能，因而能够利用潜能的巨大力量不断向前，突破自我，超越自我，实现自我。相反，那些人生的失败者则根本没有唤醒自己的潜能，他们或者是因为不知道潜能的存在，或者是因为缺乏顽强不屈的毅力，因而导致自身发展受到禁锢，最终一事无成。

曾经看过一篇报道，说一个人下山的时候遭遇山洪，情急之中躲进山洞，后来山洪过去，他却发现洞口被一块巨石堵死了，因为这个山洞人迹罕至，所以等待救援显然不现实，他面临的选择是或者推开巨石求生，或者只能活活饿死在山洞里。思来想去，这个人害怕极了，居然使出浑身的力气，把巨石推开了，从而成功地从山洞里逃了出来。事后，等他再次想要推动巨石时，却发现哪怕用再大力气，都无法使巨石移动分毫。那么，他到底是如何从山洞中逃生的呢？事实就是，他的确依靠自己的力量推开了巨石，但他那是在生命受到威胁的情况下，从而爆发出的强烈求生欲望。而一旦脱离困境，他自感生命无虞，自然不会再那么急迫和惊恐。由此一来，他暂时爆发出来的潜能也就消失了。这是一个真实的案例，其实生活中这样的案例并不少见。不管是在唐山大地震还是在汶川大地震中，我们都看到无数的老师、父母，为了保护年幼的孩子，爆发出巨大的潜能。汶川地震中，谭千秋老师让学生躲藏在讲台下面，自己则用身体撑起沉重的预制板，为孩子们撑起了生的希望。换作平时，一个人的躯体很难拥有如此巨大的力量，但是恰恰是作为老师的大爱，让谭千秋老师创造了生命的奇迹。

近年来，有很多心理学家深入研究潜能。毕竟，潜能就像人们身体里的一座金矿，哪怕能发掘出一部分来，也必然使人类的历史往前推进一大步。还有一些催眠家，专门把人催眠，以此激发出人们潜在的力量。实验的结果往往让人惊叹不已，那些被催眠者之中有很多人都表现出令人不可思议的一面。由此可见，每个人的潜意识深处都蕴藏着无限的能量，这些能量静静地蛰伏在我们心灵深处，只等待合适的机会喷薄而出，助力我们创造生命的奇迹。

直到初中毕业，丘吉尔的学习成绩依然很糟糕。祖籍爱尔兰的丘吉尔因为学习太差，从未得到过老师的认可和赞许，老师甚至公然给他贴上“低能、愚钝”的标签，断言他的人生必然暗淡。然而，丘吉尔并没有因为老师的话就给自己判定死刑。相反，不服输的他一直在努力，并且在部队服兵役期间，阅读了很多书籍。最终，他不但提高了自己的词汇量，使自己成为掌握单词最多的无冕之王，还成为一个著名的演说家，总是能够以充满激情的话语，让听众为他热血澎湃，激动不已。

在任职首相时，丘吉尔发表的就职演说——《除了能把热血、辛劳、泪水和汗水贡献给你们之外，我一无所有》至今依然是演讲的典范。由此可见，丘吉尔对于语言的驾驭能力已经到了炉火纯青的地步，他的人生之所以能获得成功，也与他不懈努力，做到常人所不及的事情密切相关。

很多人对于语言都天赋异禀，有着特别突出的能力。不只是丘吉尔凭借热情洋溢的演讲打动了民众的心，包括美国总统林肯等历史伟人，对于语言也都有着杰出的能力。

由此可见，尽管掌握语言是很难的挑战，但是这个挑战并非不可能实现。只要我们激发出自身的潜能，就一定能够在学习语言的道路上创造奇迹。

曾经，德国的格斯基尔马教授足足掌握了120种语言，直到82岁高龄，他依然没有放弃对语言的研究和学习。听起来，这件事情让人觉得不可思议，但是他真的做到了。

朋友们，人生之中总会面临着各种艰难的处境，也会面对很多看似无法实现的挑战和超越，在这种情况下千万不要轻易放弃，只要我们坚持努力，毫不懈怠，就像攀登高峰一样，我们总能到达顶峰，这时才能尽情享受一览众山小的美妙。

当然，激发潜能也并非我们所想象的那般容易。最重要的在于，我们要找到打开潜能之门的密码，然后再掌握激发和运用潜能的技能，这样才能让潜能乖乖地为我们所用，也才能帮助我们冲破意识的束缚，到达人生的巅峰。

赶快试试吧，当你的潜能变成你切实的能力，你一定会告别平庸，走向人生的辉煌！

积极主动地完善自我

通常情况下，人们依靠教师讲授的知识和阅读书籍，来不断学习进步，充实自己的心灵。然而，在现代社会，教育已经极大普及，各种各样的教育形式也层出不穷，尤其是对于那些错过了受教育年龄段的朋友们而言，即便在适龄阶段没有好好读书学习，一旦想要弥补，也是可以通过各种各样的形式继续学习的。当然，继续学习的形式并不仅仅拘泥于学习知识，也包括对自我的完善和提升修养的过程。和传统的接受教育必须在学校里学习不同，现在的人们可以多多读书，或者是参加免费的讲座，或者还可以参加一些函授的教学等，不断进行自我完善，从而使自己变得越来越优秀，越来越接近于完美。

从某种意义上说，和拥有渊博的知识相比，提升自我修养，让自己拥有良好的修养，是更加急迫且重要的事情。想想若干年前在学习条件特别艰苦，整个社会的学习资源都很匮乏的情况下，人们依然坚持学习，那么如今的我们则要更加坚持学习，积极主动地完善自我。尤其是现代社会的年轻人，在学习上几乎可以说是万事俱备，只欠努力。只要有心，只要坚持不懈，持之以恒，我们就能拥有读不完的书籍，也能够获取更多的知识。在如此成熟和完善的学习条件和学习氛围中，如果不能进步，简直让人扼腕叹息。

当然，强迫学习的效果并不好，因而一个人如果想在学习上事半功倍，首先应该调整好自己的心态，从而做到积极主动地自我完善。遗憾的是，现代社会也充满着各种各样的诱惑，人们总是喜欢做毫无意义的事情，诸如闲聊，诸如泡酒吧，诸如玩网络游戏，诸如漫无目的地逛街。这些娱乐休闲活动尽管能使我们获得片刻的愉悦和宁静，但是根本无法让我们获得切实的进步，更不会有效提升我们的修养，实在是浪费时间。所以说，要想实现有效学习，要想积极主动地提升和完善自我，我们就必须产生冲动——改善自我的冲动。在这种冲动的驱使下，我们才能放弃那些漫无目的的享受，如愿以偿地实现人生理想。

很多时候，我们之所以觉得自己不够优秀，并非因为我们真的不如别人，只是因为我们不够勤奋。对于一颗积极上进的心而言，没有任何事情能够阻碍我们的努力，更无法让我们在学习的道路上止步不前。尤其是在职场上，现代社会知识更新的速度快得超乎人们的想象，我们必须始终保持积极学习的态度，才能不断给自己更换新鲜的血液，也才能始终拥有旺盛的生命力，面对人生的各种挑战。从这个角度而言，自我完善的能力比在适龄阶段接受教育更重要。唯有能够自我完善的人，才能实现终身学习，也才能在任何情况下都保持学习的良好习惯。

第 06 章

主动摆脱，那些阻碍你成长的缺点

一个人在成长过程中，需要从各方面修正自己，比如性格、情绪等。我们要主动求变，摆脱那些阻碍自己成长的缺点，慢慢蜕变自己，即便不能完美展现，但要尽可能变成优点多多的自己。

江山易改，本性也易改

爱因斯坦说：“优秀的性格和钢铁般的意志比智慧和博学更重要，智力上的成就在很大程度上依赖于性格的伟大，这一点往往超出人们通常的认识。”事实上，性格不但能影响人的成就，也决定着人们的方方面面，比如影响人的人际交往、个人的发展、身心健康，总之，性格决定着一个人的命运。生活中，许多人终日生活在失意、困苦、平庸之中，一部分原因就在于他们总认为自己是最正确的，不愿意接受别人的建议，不愿意改变自己的思想和性格。

老张是公司的老员工，辛辛苦苦工作十年了，职位却一直没有变。在平时的工作中，他认真负责，与身边的同事相处得也比较和睦，对上司更是敬重有加。不过，进入公司快十年了，许多比他晚进公司的同事都得到了晋升，只有他还在原地踏步。同事戏谑地问他：“对你的工作挺满意吧？”他总是乐呵呵地回答：“是的。”在与同事相处中，遇到不同的意见，老张对这位同事说：“是，你说得对。”回过头，他对那位同事也说：“对，你说得没错。”这样没有立场的说话态度，让同事感到很扫兴。

实际上，老张并没有发现自己没有得到重用的原因就在于自己的性格，不管是与上司打交道，还是和办公室的同事相处，他从来都是一副唯唯诺诺的样子。这点可以从他说话看得出来，比如，他总是说“是是是”“好好好”，从来不会说反对的意见。刚开始同事接触到他，以为他这样的表现是由于陌生的关系，不想得罪人。时间长了，与同事都熟络起来，他还是这样的性格特点，同事就觉得很讨厌了，而且，总觉得他这个人比较“虚伪”，不愿意与之交往。上司觉得老张没有自己的想法，只会一味地顺从，这样的人对公司将不会有很大的帮助，于是就一直没有重用他。

在公司，没有谁能够与老张谈得来，因为大家觉得他这种模糊的表达方式，唯唯诺诺的个性让自己非常不舒服。所以，最后老张既没有得到领导的赏识，也没有获得同事的好感，还非常令人讨厌。

虽然恭顺比较讨上司的喜欢，但是一味地服从只会让上司感到厌烦。在更多的时候，上司希望下属能够独当一面，这样才能看清楚一个人的价值。如果在任何时候都显得唯唯诺诺，不敢表露自己的真实想法，诸如老张这样的下属将不会得到重用。对于那些唯唯诺诺的人，他们身上还会显露一个异常的特点：做事犹豫不决，缺乏勇气。通常做一件事情的时候，他们无法相信自己的判断，以至于最后他们没有勇气去做这件事情。

一个人的成长过程就是不断了解自我、提升自我、完善自我的过程。而其人格在10岁之前基本上是父母基因遗传的作用，后来则是个人努力与环境因素共同作用的结果。尽管我们常说“江山易改，本性难移”，认为人的性格是与生俱来，不容易改变的，事实上，人的性格是可以改变的。

1.自我挑战

在生活中，别人怎么看你，如何评价你，都映射着你人格的缺点。对此，你只有不断努力，才能不断完善自己。通常小孩子的人格完善是在父母的督促下改正缺点，但成年人的人格完善，就是自我挑战。

2.看事情要全面

全面客观地看待一些事情与人，不要片面地全盘否定，不要因为偶然一次的经历就认为这个世界是糟糕的，不值得相信的。不管是事情还是人，我们都需要全面看待。

3.学会助人为乐

通常性格有缺陷的人看起来比较固执，以自我为中心，人情冷漠，活在自己的世界里。这时候需要打开心扉，重新去认识这个世界，善于帮助别人，让别人重新认识你，从而体现自我价值，在这个过程中，自己的一些心态习惯就会慢慢改变。

4.坚持既定原则

性格的完善与调节是为了更好地适应社会，在人的认知过程中会慢慢形成一些既定的、正确的原则，学会累积，在自我的意识中形成条件发射，这对性格的形成是十分有帮助的。

5.保持积极乐观的心态

悲观抑郁对性格的影响是很大的，因为性格本身就是一种气质习惯，习惯是长时间累积形成的。所以说需要培养乐观积极向上的心态，这样可以完善和调节性格本身的特质。

6.学会接受自己

尽管追求完美是好的，但是过度的完美主义很可能给自己带来更大的压力和心理问题。我们不应该盲目追求“完美人格”，而是应该努力拥有一个“完整人格”。这需要我们客观认识自己，包容和接受自己。

人格完善需要个人对自我的成长有明确的目标，找准自己的最佳性格组合。有的人太自卑，太敏感，希望变得自信、随和起来。那么，他理想的自我就是自信，现实自我就是自卑，他就需要不断挑战自己，成为一个不自卑、不敏感，从容自信的人。

更正自卑心态，逐步建立自信

心理学家认为：一个人如果自惭形秽，那他就不会成为一个美人；如果他不相信自己的能力，那他就永远不会是事业上的成功者。从这个意义上说，如果你是个自卑的人，那么，你有必要铲除自卑意识这颗毒瘤。

自卑形成的原因有很多，比如，我们的外貌、身体缺陷、家庭环境、某方面的能力欠缺等，但总的来说，这些负面的想法都会堆积在我们的潜意识中，而潜意识拥有无穷的力量，并且不易被你察觉。

所以，自卑意识的产生并非一日之寒，需要我们逐步更正，逐步建立自信。

因此，自卑感并不是变态的象征，而是个人在追求优越地位时一种正常的发展过程。如果能以自卑感为前提，寻求卓越，那么，我们是能实现自我超越和获得成就的。

我们每个人要想获得快乐和成功，第一步要做的就是超越自身某方面不足带来的自卑感。

心理专家指出，人们自卑感的产生，很多时候是消极暗示的产物，也就是说，反过来，我们多给自己积极的暗示，那么是可以提高自信心的。

自卑不仅仅是一种情绪，也是一种长期存在的心理状态。

有自卑心理的人，在行走于世的过程中，他们的心理包袱会越来越重，直至压得人喘不过气。它会让人心情低沉，郁郁寡欢。

因为不能正确看待自己、评价自己，他们常害怕别人看不起自己而不愿与人交往，也不愿参与竞争，只想远离人群；他们缺少朋友，甚至自疚、自责、自罪；他们做事缺乏信心，没有自信，优柔寡断，毫无竞争意识，享受不到成功的喜悦和欢乐，因而感到疲惫、心灰意冷。

因此，要消除自卑感，首先就需要我们看到自己的独特之处。每个人都是完全不同的个体，没有任何人是一无是处的。自信是一种认知的开始，因为透过自我观照，才能了解自己的专长、能力和才华，这样，你的自信便会不断储备，自卑也就无处遁形。

如果一个人在社会生活中，把自己看作低人一等，没有价值，那么，他就会产生自卑感，做事缺乏胜任的信心，没有主动性和积极性，其结果，无论做什么事情都难以保证质量。

习惯是人生最大的指导

一种行为习惯，是人们成长过程中，在很长一段时间内逐渐形成的一种行为倾向。从某种意义上说，“习惯是人生最大的指导”。世界著名心理学家威廉·詹姆士是这么说的：

播下一个行动，收获一种习惯；

播下一种习惯，收获一种性格；

播下一种性格，收获一种命运！

可见，好的习惯是十分重要的，它可以让人的一生发生重大变化。满身恶习的人，是成不了大气候的，唯有有好习惯的人，才能实现自己的远大目标。这就告诉所有正在成长阶段的孩子们，你若想拥有一个成功的人生，就必须改掉当下存在的一些坏习惯。

我们著名教育家叶圣陶先生也认为，要养成某种好习惯，要随时随地加以注意，身体力行、躬行实践，才能“习惯成自然”，收到相当的效果。因此，在日常生活中，我们也要注意自己的言行习惯，“行成于思毁于随”，良好习惯的形成，是严格训练、反复强化的结果。

苏格拉底门下有很多学生，他经常带领这些学生四处游历、饱览名山大川。几年下来，这些学生都学到不少知识，有些还成为满腹经纶的学者，为此，苏格拉底感到很欣慰。对于这些学生而言，他们也认为自己可以顺利“毕业”了。

一天，苏格拉底带领这些学生来到一片旷野上，他让大家在草地上围坐在一起，然后对他们说：“现在，你们已经个个都是饱学之士了，你们马上就可以从我这儿毕业了，但最后一次，我再问你们一个问题。”毕业前，老师问的问题当然很重要了，学生们一个个竖起了耳朵，想听听老师会问什么问题。

“我们现在坐着的是什么地方？”苏格拉底问他们。

学生们回答道：“旷野。”

苏格拉底又问：“这里长了什么？”

学生们答曰：“草。”

苏格拉底说：“是的，这里长满了草。那么，接下来，我要问的是，你们要用什么办法，才能清除掉这些杂草？”

这是哲学问题吗？一向严谨的老师，怎么会问这么简单的问题？拔出杂草明明是农民才应该思考的问题？学生们都对苏格拉底的问题感到很好奇，但他们还是按照自己的想法一一作答。

“这个问题太简单了，用手拔掉就行了吧。”一名学生抢先开口。

另一个学生答道：“用镰刀割掉，那样会省力些。”

第三个学生回答得更为干脆：“用火烧更彻底。”

苏格拉底从草地上站起来，清了清嗓子，然后说，说：“那么，同学们，现在你们就按照自己的方法，划定一片区域，将各自区域的杂草清除掉，明年，我们再来看看自己的战果，看看谁的方法更有效。”

约定的时间到了，一年后，所有的学生都齐聚在这片曾经长满杂草的地方。令他们高兴的是，这里再也不是杂草丛生，但却依然有很多参差不齐的杂草在风中摇摆。然后，苏格拉底带领他们来到另外一块地方，这里不是学生们除草的范围，这里没有杂草，而是长满了旺盛的麦苗，学生们凑近一看，看到了一块木牌，那是苏格拉底的笔迹，上面写着："要想除掉旷野里的杂草，方法只有一种，那就是在上面种上庄稼。"

学生们恍然大悟。

用麦苗根除杂草是一种智慧。我们在培养习惯时，是否可从苏格拉底那里领悟借鉴呢？好习惯多了，坏习惯自然就少了。

有专家说："养成习惯的过程虽然是痛苦的，但一个好习惯的养成，将是我们终生的财富。因此，暂时的痛苦，又算得了什么？根据西方人文科学家研究，一个习惯的培养平均需要21天左右，只要我们认真去做，就等于说我们吃了21天的苦，却得到了一辈子的甜，这是一个很值得和很高效的事情。此外，任何习惯一旦养成，它就是自动化的，如果你不去做反而会感觉很难受，只有做了才会感觉很舒服。因此，关于好习惯的培养，我们不妨给自己订一个计划，然后用日记本记下自己执行计划的过程。那么，21天后，你将养成好习惯，坚持21

天，你就会成功。坚持21天，就能改变自己的意识，从而影响自己的行为，取得超乎想象的成功。你又何乐而不为呢？ 那么，阻碍我们成功的恶习有哪些呢？

1.自制力不强

这是一个循序渐进的过程，因为自制力的形成不是一蹴而就的，也不是下了决心就能获得的，这是一个长期的过程。

拿学习来说，如果你决定从明天起好好学习，要每天学习10个小时以上，那么，你很可能因为没有达到目标而气馁。而如果你先给自己定一个较为合理的目标，比如，你可以在第一周时每天学习1个小时，少玩15分钟；倘若做到这一点的话，第二周每天学习1.5个小时，少玩20分钟；再做到这一点的话，就可以每天学习2个小时，少玩30分钟。慢慢地，你会发现，自觉地学习已经成为你的一种习惯，而自制力也自然而然地形成了。任何坏习惯的改变或好习惯的养成都可以采取这个方法。

请记住，循序渐进，有利于培养自己的信心，并且不会给自己造成过大的心理压力，从而能轻松地锻炼自制力！

2.准备不足

一些人在尝试中失败了，并不是因为他们缺乏勇气，而是因为准备不足。因此，从现在起，无论你对自己的评估如何，都不要掉以轻心了。

3.不能坚持到底

你也想努力做一件事，如钻研某件乐器，搞好学习等，但导致你最终不能成功的原因往往是你的中途退缩。如果你不能在青春期就克服这一坏习惯，那么，它会影响你的一生。

4.不吸取教训

成功者之所以成功，并不是因为他们杜绝了所有的错误，而是因为他们能从错误中吸取教训，不断改正错误；同样，失败者之所以失败，是因为他们常常重复错误。的确，很多时候，从错误中学到的东西常比成功教我们的更多，犯了错却不吸取教训，白白放弃如此宝贵的受教育机会实在可惜。

总之，好习惯的养成，并非一朝一夕之事；而要想改正某种不良习惯，也常常需要一段时间。根据专家的研究发现，21天以上的重复会形成习惯，90天的重复会形成稳定的习惯。所以，一个观念如果被别人或者是自己验证了21次以上，它一定会变成你的信念。

理智自制，克服自己的情绪

我们知道，人非草木孰能无情，我们都是情绪的动物，我们的心情好坏常常会被周围的一些人和事影响。有些人甚至是情绪化的，他们的情绪似乎总是不受自己控制，于是，他们起伏于这种恶性失衡之中，常常陷入自相矛盾的境地，失去了正确的判断力。而那些成功者则能做到自控，无论外界怎么变化，他们总是能以理智的心态面对，他们有着很强的自律能力。也许现在的你年轻气盛，容易冲动，但请记住：冲动是魔鬼，会让自己一败涂地。从现在起，一定要做到自制，理智思考并克服自己的情绪。

一位研究情绪的心理学家曾这样告诉人们："生气是一种最具破坏性的情绪，它所给人们带来的负面情绪可能远远超过我们的想象。"一个人在生气时，他的所作所为都是没有经过大脑思考的，处处沾染上冲动的痕迹，虽然，怒气在发泄的那一瞬间是顺畅的，但是，后果却需要我们为自己买单。所以，学会做一个智者，克制住内心的愤怒，不要生气，千万不要因为生气而说出愚蠢的话，做出愚蠢的行为。

的确，生活中，难免会遇上各种各样的事情，一遇到事情的时候可能也会冲动，而做一些自己都不知道该不该做的事情，因此也就会产生许许多多的埋怨。在不管遇到什么事情的情况下，都让自己冷静地思考一下，哪怕只是短短的几秒钟，也许结果就会完全不一样了！

为此，当你心有不快，想要通过发火的方式来发泄时，你可以通过语言的暗示作用来调整自己，以使自己的不快得到缓解。达尔文说过：“人要是发脾气就等于在人类进步的阶梯上倒退了一步。愤怒是以愚蠢开始，以后悔告终。”比如，你的朋友做了伤害你的事，你很想找他理论，并将他骂一顿，那么，此时，为了不让事情产生严重的后果，你在冲动前可以告诉自己：“千万别做蠢事，发怒是无能的表现。发怒既伤自己，又伤别人，还于事无补。”在这样一番提醒下，相信你的心情会平复很多。

当然，我们除了要控制自己的情绪外，还要调整自己的心态。

米勒先生在刚开始创业的时候，因为竞争非常激烈，其他公司便不断地压低价格以求抛售货品。那时候，米勒先生还十分年轻，心想：“事到如今，只有和他们拼了，这样才不会输给同行业。”结果，为了这件事，米勒跑去与自己的师傅磋商，听了米勒的决定之后，师傅说：“如果公司只有你一个人，你大可以这样做。但是你有那么多下属，他们又都有家眷，身为公司的负责人，竟然要图一时之快，逞一时之强，这样不就连累了你的下属吗？”

米勒听了之后，觉得师傅的话说得很有道理。经过再三考虑，米勒决定放弃和别的公司竞相抛售货品的想法。果不其然，没过多久，那些顾客反过来信任他，也因为如此，米勒获得了现在的成功。

“冲动是魔鬼”，这话说得很深刻。在生活中，由于人的血性所导致，往往在诸多事情上咽不下一口气，总是图一时之快，逞一时之勇，以至于事后后悔不已：“我这是何苦呢？”实际上，不图一时之快，才能等到真正可以带来成功的机会，反之，则会酿成终身苦果。

在生活中，我们不要图一时之快，有时候，虽然我们看到前方貌似是绝路，但生活就是变化莫测的，人生的希望往往是在转角处。既然生活本来是一个圆，我们又何必执着于一时呢？图一时之快的人永远不会成功，他们最终只会自食其果，而且是难以咽下的苦果。只有当我们懂得变通的时候，才可以在人生的道路上无往不利，最后走出顺畅的人生之路。

可见，人生漫漫，我们不能让自己输在心态上，心态决定了人生，也决定了人的生活方式，懂得自制，才能控制自己的情绪，进而控制由冲动带来的一系列恶性循环。一旦拥有良好的心态和情绪，就会用心做好身边的每一件事。

生活中许多人总是把活得太累、活得太烦的原因归咎于外界，却不懂得控制心态才是解决问题的关键。以何种心态去面对世事，完全在你自己，你完全可以选择和主宰你的心情。同样的处境、同样的事情，你以淡定的态度去对待，就会感到轻松自如；你用烦躁易怒的态度去对待，就如同掉入黑暗的深渊。

猜疑会捆绑你的思路

每个人都需要保持合理的戒慎恐惧之心，因为这是一种本能意识，也是一种生存的需求。但是如果这种心理过分了就会变成焦虑，就会开始疑神疑鬼。生活中如果每个人都能遵循中庸之道，拿捏得宜，事先做好充分准备，就会保证自己的生活和生命安全！

在一家银行里，行员们都在十分忙碌地为客户服务。忽然，一声大喝："不要动！马上给我趴在地上！"行员们都大吃一惊，只见柜台前站着一个彪形大汉，以致连看都不敢看，全都马上趴在地上。过了一会儿，大家听到柜台外面有人说："咦？怎么才一会儿人全都不见啦！"这时，有几个男性行员抬起头来。只见那彪形大汉和几位顾客，一脸莫名其妙地朝柜台里瞭望。大家站起来仔细一瞧，原来彪形大汉的脚旁，一条狗正乖乖地趴着。

我们有时候也跟那些可笑的行员一样被自己的疑虑所吓倒。那么，猜疑心理到底是如何引起的呢？

1.心理不健康

喜欢猜疑的人经常会扭曲理解别人善意的、正常的言行，比如对方明明是在夸奖他，但在他听来却是挖苦、讽刺；当别人批评他时，他又会怀疑这是故意在攻击自己；当别人不理他时，他又怀疑别人是在孤立自己。因为怀着狭隘的心理，所以完全无法容纳别人对他的正确评价。

2.思想方法主观色彩浓

有猜疑心理的人通常会戴着有色眼镜去观察别人，用别人的举动来验证而不是修正自己的看法，所以他们常常歪曲事实，对别人产生怀疑。事实上，他们所有的思想及方法都是主观的，并非是客观得出的结论。

3.缺乏自信

因为自卑，所以总是以他人的评价来作为衡量自己言行的是非标准，他们几乎看不到自己的优点，所以一旦别人说长道短，他就会犯疑心病。而当对方的态度不是很明朗的时候，他们往往从不利于自己的方面去猜疑，无疑是自寻烦恼。

4.听信流言，不调查就产生疑虑

不管怎么样，猜疑是人际关系的大敌，它会破坏朋友间的友谊，疏远同学或同事间的关系，凭空无端地挑起同学、同事和朋友间的矛盾纠纷，也很影响自己的情绪。当他们听到一些流言蜚语，不调查不分析，他们就会产生疑虑，结果往往让自己陷入猜疑的泥潭。

假如猜疑心过重，就会因一些可能完全没有或不会发生的事而忧愁烦恼、郁郁寡欢。而且，猜疑者经常有很重的嫉妒心，内心比较狭隘，所以无法更好地与朋友进行交流，其结果就是没办法交到朋友，从而变得孤独寂寞。

别妄加推测，根据事实判断

做任何事情的前提一定是事实清楚，有理有据，而不是捕风捉影。我们在现实生活中，常常见到有些疑心病较重的人，事先不调查，不了解，只是凭一些道听途说，或者只凭自己的主观猜测，就做出判断或发表自己的意见，结果造成他说话没有可信度，还有可能给话题中涉及的某人带来一些意外的伤害。

人生在世，免不了遭受他人的议论，只要时刻注意自己的行为，相信别人也不会跟自己过不去。对那些似是而非的流言，不要偏听偏信，要理智分析，静观事情的变化，请勿感情用事。不无端地猜疑别人，理智、冷静地对待别人的猜疑，这是我们应该保持的正常心态。

林黛玉刚刚进荣国府的时候，书中对她就有一句评语："心较比干多一窍。"后来，林黛玉看到史湘云挂了金麒麟，宝玉最近也得到了一个金麒麟，林黛玉便开始生气："便恐就此生隙，同史湘云也做出那些风流佳事来。"于是，林黛玉便去偷听，结果却听到了宝玉厌烦史湘云劝他留心仕途的话，宝玉说："林妹妹不说这样的混账话，若说这话，我也和她生分了。"黛玉听到这样的话，心中想："不觉又惊又喜，又悲又叹。所喜者，果然眼力不错，素日认他是个知己。所惊者，他在人前一片私心称扬于我，其亲热厚密，竟不避嫌疑。所叹者，你既为我之知己，自然我亦可为你之知己，既你我为知己，则何必有金玉之论哉；既有金玉之说，亦该你我有之，则又何必来一宝钗哉！所悲者，父母早逝，虽有刻骨铭心之言，无人为我主张。况近日每觉神思恍惚，病已渐成，医者更云气弱血亏，恐致劳怯之症，你我虽为知己，但恐自不能久持；你纵为我知己，奈我薄命何！"

有一次看戏，大家都看出那个演小旦的有点像林黛玉，只是都不肯说，史湘云却是快人快语，一下子就说了出来，林黛玉感觉到自己受辱了，马上就生气了。怕黛玉生气，宝玉使眼色给史湘云，本来宝玉是一片好意，黛玉却是更加生气。

后来，黛玉说起宝琴来，想到自己没有姊妹，不免心中怨气，又哭了，宝玉忙劝道："你又自寻烦恼了，你瞧瞧，今年比去年越发瘦了，你还不保养，每天好好的。你必是自寻烦恼，哭一会，才算完了这一天的事。"黛玉拭泪道："近来我只觉得心酸，眼泪却好像比旧年少了些的，心里只管酸痛，眼泪却不多。"宝玉说道："这是你平时哭惯了心里疑的，岂有眼泪会少的！"

避免捕风捉影，不仅仅是行为，说话也一定要有理有据，不能光靠自己的耳朵听到了，就以为是真的，心里承认还不要紧，还要摆出来说，那就显得很没有分寸了。很多时候，你只凭自己的主管臆断就开始捕风捉影地说开了，这样只会使别人深信不疑。当事情的真相水落石出，结果跟你说的差之万里，到时候你就会为自己的错误判断付出代价，你的可信度严重降低，还会间接地损害你的形象。所以在说话之前，特别是关于自己还不是很清楚的事情，千万不要捕风捉影，妄加推测，一定要讲究事实依据才能说话。在没有任何科学根据的情况下就开始大发言论，只会让自己陷入窘境。

那么，在人际交往中，我们应该如何消除猜疑心理呢？

1.摆脱错误思维的束缚

有猜疑心理的人通常总是从某一假想目标开始，最后又回到假想目标。只有摆脱错误思维的束缚，走出先入为主的死胡同，才能促使猜疑心理在得不到自我证实和不能自圆其说的情况下凭空消失。

2.敞开心扉

我们要学会敞开心扉，增加心灵的透明度。猜疑往往是人为设置的心理屏障，只有敞开心扉，将心灵深处的猜测和疑虑告诉别人，增加心灵的透明度，才能求得彼此之间的了解沟通，增加互相信任，消除隔膜，以获得最大限度的谅解。

3.无视流言蜚语

猜疑的心理往往是在那些喜欢道听途所的人煽动下，才会越烧越旺，致使人失去理智、酿成恶果。所以，当听到流言蜚语时，千万要保持冷静，谨防自己受骗上当。

4.理智分析

当我们开始猜疑某个人的时候，最好的办法是先综合分析一下对方平时的为人、经历以及多年的言行表现，这样有助于将错误的猜疑心理消灭在萌芽状态，从而收获平静的心灵。

疑心病者特别留心他人对自己的态度，有可能是对方简单的一句话，他都要琢磨半天，努力去发掘其中的“潜台词”。这样时间长了，我们便不能轻松与他人交往，背上了沉重的心理包袱，影响到自己的人际关系。而且，还有可能由怀疑别人发展到怀疑自己，最终变得自卑、消极、怯弱。

第 07 章

管理好情绪，进而管理好自己

哲人说：“谁战胜了情绪，谁就主宰了命运。”生活中，总有一些难以抑制的情绪，这是正常现象，但为了更好地处理事情，我们需要克制情绪，让自己冷静下来。因为只有管理好情绪，才能管理好自己。

面对困难，不要气急败坏

智者说："在成功的路上，最大的敌人其实并不是缺少机会，或是资历浅薄，成功的最大敌人是缺乏对自己情绪的控制。"弱者任思绪控制行为，强者让行为控制思绪。在困难面前，许多人容易心浮气躁，进行了多次挑战都无法战胜困难，他们就会变得气急败坏，在他们心灵深处，有一种力量使他们感到茫然不安，让他们无法冷静地思考，这种力量就是愤怒、生气。生气不仅仅是成功最大的阻碍，还是各种心理疾病的根源，并不断地影响我们的日常生活和工作。

一个人在愤怒的一瞬间，智商是零，过一阵子才会恢复正常，而这将对我们的正常思维造成恶劣的影响，没有办法冷静下来，从而没有办法思考出解决问题的有效方法。在任何时候，一个人都需要冷静，尤其是在困难面前，冷静使人清醒，它能够使人有条不紊、沉着地应对所发生的一切。所以，面对困难，不要气急败坏，只有冷静才能让我们转败为胜。

有人说："一个能控制住不良情绪的人，比一个能拿下一座城池的人还要强大。"情绪不仅仅是心灵健康的庇护神，而且，它常常是我们决胜的关键，因为在关键时刻，我们需要保持冷静，以最平和的情绪来面对一切。面对强劲的对手，有时候，我们采用何种手段并不重要，至关重要的是控制好自己的情绪，保持冷静。一个人，若是能够控制好情绪，保持冷静，就可以化阻力为助力，化险为夷；相反，若是不能掌控好情绪，容易被激怒，就有可能陷入危险的境地。

在挫折与困难面前，跌倒了，爬起来，这是一种勇气，但是，对于成功来说，勇气并不是最关键的因素，因为成功所需要的是比勇气更珍贵的那份冷静。失败了，我们所需要做的不仅仅是重新站起来，更关键的是学会梳理自己的情绪，冷静地分析、总结失败的原因，这样我们才能避免摔更大的跟头。一个人在面对困难的时候，总是心浮气躁，气急败坏，那么，这个人终会失去自我。在任何事情面前，我们都应该拥有冷静的头脑，因为只有冷静，才有可能使我们转败为胜。

在法庭上，律师拿出了一封信向洛克菲勒问道："先生，你收到我寄给你的信了吗？你回信了吗？"洛克菲勒冷静地回答："收到了，没有回信。"这时，律师又拿出了二十几封信，逐一向洛克菲勒询问，而洛克菲勒都以同样冷静的表情、相同的语调给予了回答："收到了，没有回信。"终于，律师控制不住自己的情绪了，他开始暴跳如雷不断咒骂，最后的结果出乎人们的意料，法庭宣布洛克菲勒胜诉，因为律师因情绪失控而让自己乱了章法。

从洛克菲勒的例子中，我们可以看出，冷静对于一个人成功的重要性。有人甚至这样总结法庭上的律师：令你的对手发怒，失去冷静，那么，你就已经开始转败为胜了。当然，同样的条件下，自己则需要保持冷静的头脑。

失意时不如休养生息

在人生的得意之时，欣赏高处的风景；在失意之时，在低处休养生息。有时候，我们要学会弯腰，懂得吃眼前亏，不要为了争执而伤了自己的元气，即使内心有许多无奈，但请勿抱怨，你在低处时实质也降低了自己的“门槛”。凡事以平静心态面对，当你认为自己吃亏的时候，说不定这却是一桩一本万利的生意呢。

不争执、不抱怨，从表面上说好像是一种损失，但从长远来看，却是一种智慧。当所有人都在向往“高处”的时候，你选择了休养生息，不仅为自己树立了良好的形象，还会让他人对你产生莫大的好感。

印度的孟买学院是世界上最著名的佛学院之一，这个学院历史悠久，有着辉煌的建筑，更关键的是，这里培养出了许多著名的学者。据说，在孟买学院有一个细节是别的佛学院所没有的，那就是在大门的一侧又开了一个仅有1.5米高40厘米宽的大门，所有的人都能轻易地进入，只要能保持稍低的姿态。一些初到学院的人感到十分不解，不过后来，他们都承认正是这个小小的细节让自己受益无穷。

阿伟大学毕业后，为了锻炼自己的能力、积累社会经验，他选择了业务方面的工作。在公司，他所担任的职位是协助新来的业务经理开展工作。那个业务经理刚来不久，听说脾气很大，而且，据阿伟观察，他的业务能力也很差，几乎都是依靠下面的业务员拿业绩。另外，业务经理心胸狭隘，一点也不尊重人，总是带着命令的口吻与下属讲话。有时候，阿伟在工作中不小心出了错，经理也不顾及他的颜面，当众就把阿伟教训一顿。

面对这样的经理，阿伟心里也很窝火，因为自己经常是被训斥的对象。但是，他并没有发作，而是把怨气吞下去，始终陪着笑脸，因为他心里很清楚，摆在他面前的只有两个选择，要么和他大吵一架，然后走人；要么就是忍辱负重，休养生息，等待时机。聪明的他选择了后者，半年以后，公司高层发现了业务经理的问题，通过调查，认为他不适合担此重任，就找个理由把他辞退了。而阿伟，因为一直表现不错，被公司任命为业务经理。这下子，阿伟如鱼得水了，很快把业务开展起来，为公司创造了很大的经济效益，赢得了公司上上下下的尊重。

过了几年，阿伟被提拔为主管业务的副总经理，过上了有房有车的生活。每当谈起这一切的时候，阿伟就不无感慨地说："我能有今天，就是因为我当初懂得在低处休养生息，而没有意气用事啊！"

在生活中，我们难免会遇到一些坎坷与挫折，遇到一些不尽如人意的事情，在这个时候，千万不要任由心中的怨气乱窜，或者意气用事，而要以一种忍耐的姿态来面对，平复激愤的情绪，以一份从容的心态去面对眼前的境遇，这才是一种审时度势大智若愚的胸怀。即使处于最低谷，也不要灰心丧气，只要你没有丧失志向，就一定有东山再起的机会。

人生的旅途，有高峰，也有低谷，所有的人都想站立在高峰欣赏风景，但是，若没有低谷，我们如何能够休养生息，保持实力呢？如果你觉得现在的生活处境很糟糕，总是受人排挤，也不要生气，不要怨天尤人，学会忍气吞声，把这一切权当作是休养生息吧！

容易生气，会让你发挥失常

有人说："人的一生的历史就是一部同消极情绪做斗争的

历史。”这句话听起来似乎有点夸张，但是，如果你仔细一想会发现，这话有一定的道理。从另外一个方面说明，克服内心的消极情绪对我们的人生成功具有重要的意义。当然，如果我们总是容易生气，任由“负面情绪”不断膨胀，那么，本来应该成功的我们也有可能会发挥失常，这是相辅相成的道理。

可能，对于大多数足球迷来说，2006年的世界足球杯并不陌生，当时，法国队与意大利队进行决赛。在加赛的最后10分钟，由于受到对手的挑衅，法国著名球星齐达内突然情绪失控，用自己的身体冲撞对方的球员，与此同时，他却得到了一张红牌，不仅结束了自己的足球生涯，还导致了法国队的失败。对于我们来说，负面情绪是一个致命的阻碍，尤其当我们即将获得成功的时候，我们会在负面情绪的影响下发挥失常。所以，任何时候，我们都应该及时疏导自己的情绪，化解“负面情绪”，这样我们才有可能赢得最后的成功。

在大不列颠战争中，英国故意轰炸了德国的柏林，这一行为使得希特勒非常生气，一气之下，希特勒开始把攻击对象从天空转移到陆地，对各大城市进行大规模的轰炸。然而，轰炸并没有对英国造成重大的损失和人员伤亡。相反，英国很好地利用了这一契机，并重新更新了雷达系统，这样一来，德国人的生气实则减轻了英国军队的压力。

1.别让负面情绪干扰内心的宁静

生气就像一只乱飞的苍蝇，让我们内心失去原本的宁静，这样，我们有可能会对问题的判断失准，从而做出一些难以挽回的举动。所以，在生气的时候，要慎重考虑，否则将会带来一些不必要的麻烦，甚至会导致整个计划的失败。

2.谨防负面情绪的连锁效应

每天，只要生活在这个世界，我们就会面对许多情绪，情绪似乎主宰了我们的一切，有人这样说道："一切争吵都是从情绪开始的，一切纷争都来源于情绪。"其中，生气往往会引起强烈的反应，郁积成"膨胀"的负面情绪，甚至有可能产生连锁反应，最后导致"火山"爆发。

3.叫停，想一想再去做

当距离成功越来越近的时候，如何克服生气呢？最好的办法就是让生气的情绪停下来，让"负面情绪"消失，以一种平和的心态追逐成功。如何克制内心的愤怒情绪？对此，心理专家为我们支招："叫停，想一想再去做，这三个步骤，是避免陷入怒火的最好方法。"

调整情绪，走出悲观的阴霾

马克·吐温说："世界上最奇怪的事情是，小小的烦恼，只要一开头，就会渐渐地变成比原来厉害无数倍的烦恼。”对于那些有着悲观心境的人来说，就恰似心中长了一颗毒瘤，哪怕是生活中一点小小的烦恼，都是一种痛苦的煎熬。每天增加一点点不愉快，毒瘤在消极情绪的养分下不停地生长，直到有一天，毒瘤化脓，开始散发出阵阵恶臭，而他已经被悲观所吞噬了。悲观，是一种比较普遍的情绪，面对生活中诸多的不如意，每个人都会悲观，然而，许多人尚未意识悲观的危害性。有的人甚至认为，悲观也没有大不了的，又不是抑郁症。可是，据心理学家观察，长时间的悲观心境，会让一个人感到失望，丧失其心智，他长期生活中在阴影里，自己也变得气郁沉沉。所以，远离悲观的心境，调整自己的情绪，走出悲观的阴霾，做一个乐观积极的人。

有两位年轻人到同一家公司求职，经理把第一位求职者叫到办公室，问道：“你觉得你原来的公司怎么样？”求职者脸色满是阴郁，漫不经心地回答说：“唉，那里糟透了，同事们尔虞我诈，勾心斗角，我们部门的经理十分蛮横，总是欺压我们，整个公司都显得死气沉沉，生活在那里，我感到十分压抑，所以，我想换个理想的地方。”经理微笑着说：“我们这里恐怕不是你理想的乐土。”于是，那位满面愁容的年轻人走了出去。

第二个求职者被问了同样一个问题，他却笑着回答："我们那里挺好的，同事们待人很热情，互相帮助，经理也平易近人，关心我们，整个公司气氛十分融洽，我在那里生活得十分愉快。如果不是想发挥我的特长，我还真不想离开那里。"经理笑吟吟地说："恭喜你，你被录取了。"

前者是悲观者，在他的生活天空始终笼罩着乌云，因此，他看任何人和事都是阴郁的，一份多么美好的生活摆在他面前，他却认为"糟糕透了"；后者是典型的乐观者，阳光始终照射着他的生活，即使是再糟糕的生活在他看来，也是十分美好的。悲观者看不到未来和希望，所以，他遭遇求职的失败，或许，在人生的道路上，还有更多的失败在等着他，除非他能够换一种心境。

拥有悲观心境的人，他们只是一味地抱怨，他所看到的总是事情的阴暗面，哪怕是到了春天，他所能看到的依然是折断了的残枝，或者是墙角的垃圾；拥有乐观心境的人，他们懂得感恩，在他的眼里到处都是春天。悲观的心境，只会让自己气郁沉沉；乐观的心态，会让自己感受到阳光般的快乐。

里根在小时候是一个乐观的孩子，有一次，爸爸妈妈送给里根一间堆满马粪的屋子，一会儿，他们来到里根的门口，发现里根正兴奋地用一把铲子挖着马粪。看到爸爸妈妈来了，里根高兴地叫道："爸爸，这里有这么多马粪，附近一定会有一匹漂亮的小马，我要把这些马粪清理干净，一会儿小马就来了。"

1.战胜抑郁症，你也能成功

可能，谁也没有想到过，美国最著名的总统之一——林肯曾是抑郁症患者。林肯在患抑郁症期间，他曾说了这样一段感人肺腑的话："现在我成了世界上最可怜的人，如果我个人的感觉能平均分配到世界上每个家庭中，那么，这个世界将不再会有一张笑脸，我不知道自己能否好起来，我现在这样真是很无奈，对我来说，或者死去，或者好起来，别无他路。"幸运的是，最后，林肯战胜了抑郁症，成功地当选了美国的总统。

2.悲观心境是成功路上的绊脚石

对于每一个人来说，悲观的心境就像是飘浮在天空中的乌云，它遮住了生活的阳光，长时间下去，我们自己也会变得气郁沉沉。所以，远离悲观，摒弃心中的怨气，让阳光照进生活中。事实上，悲观给我们生活所造成的影响是巨大的，一个有着悲观心境的人，无论是生活还是工作，他都没有办法获得成功。甚至，那一种悲观的心境还会有意或无意地成为其成功路上的绊脚石。

每一个人都是一座宝藏

在这个世界上，每个人都是独一无二的，你可能就是那一颗等待发现的金子。然而，在现实生活中，一些人总是处处与他人比较，觉得自己不如别人优秀，似乎这辈子自己真的一事无成了。事实上，对于我们每一个人来说，命运是公平的，每个人都有自己的价值，这是容不得怀疑的，我们所需要做的就是欣赏自己，认清自己的价值。比较，它所带给我们的只是失落、沮丧、烦恼、生气，更为关键的是，比较之后，我们会变得不自信，开始怀疑自己的能力，甚至会变得自暴自弃。所以，不要处处比较，为自己平添烦恼，其实，我们就是那独一无二的“宝藏”。

爱默生曾说：“你，正如你所思。”每个人都梦想着成为最优秀的那一个，事实上，我们真的可以成为那样的人。没有谁能够保证你不能成功，既然没有办法否定这一事实，为什么不试一试呢？

比较的根源是不自信，因为不自信，所以才想通过比较来找回自信，可是，大多数人在比较中不仅没能找回自信，反而变得自卑。甚至，在比较的过程中，当他们意识到自己远远不如别人的一刹那，他们的心中是充满怨气和愤怒的，最后，他们只能成为庸庸碌碌的人。

1.垃圾是放错位置的财宝

科南特说："垃圾是放错了位置的财宝，对哈佛大学来说，重要的不是出了7位总统和30多位诺贝尔奖获得者，而是让进哈佛的每一颗金子都发光。"智者与庸者的差别在于，智者从来不与他人比较，他们相信自己就是永远的独一无二；而庸者总是沉迷于比较游戏中，他们在比较中丢失自我，满腹怨气，最后，他们成为平庸的人。

2.每个人都是独一无二的

如果生活中，你总是习惯与别人比较，不敢相信自己，逐渐忽略自己、迷失自己，或许，未来的你将会一事无成，而且，有可能你的余生将在烦恼和抱怨中度过。上帝告诉我们：每一个人都是一座宝藏，在我们的内心有着无限的潜力和能力，不要去比较，而是要通过不懈的努力来挖掘自己的宝藏，其实你就是独一无二的那一位。

第08章

与优秀者为伍，让自己也变得卓越

朋友在每个人的路上都扮演着重要的角色，与什么样的朋友为伍，这将决定着你未来的生活如何。如果你天天跟狐朋狗友玩，那每天学到的都是一些坏习惯；如果你天天跟优秀者为伍，那自己也会变得卓越。

与优秀者为伍，自己也会变得优秀

常言道，近朱者赤，近墨者黑，这句话出自《太子少傅箴》，它的本意是说靠着朱砂会渐渐变红，靠着墨则会慢慢变黑，现代社会人们常用这句话来形容人很容易受到外部客观环境的影响，有的时候也用以形容人还会受到身边人潜移默化的影响，最终导致人们无形中发生改变，自己却很有可能毫无觉察。由此可见，我们不管是生活还是工作，也不管是有心还是无意，都应该尽量选择与优秀者在一起，这样才能不断进步，实现人生的飞跃。

尤其是在现代社会，人与人之间的感情看似淡了，但是人际关系却越来越密切。几乎每个人都是群体的一员，都生活在社会环境中，不可避免要受到他人的影响。如此一来，近朱者赤近墨者黑的作用和效果也就更加明显。

当然，每个人都渴望自己能够不断进步，最终获得成功的人生。现实情况却是，我们在生活和工作中承受着巨大的压力，尽管想要和优秀者为伍，也未必能够如愿以偿。在这种情况下，尽管我们无法完全决定自己的去向，却可以在人际交往中表现出一定的倾向性。若干年前的农村，孩子们想要摆脱面朝黄土背朝天的生活，唯一的出路就是考大学。若干年后的今天，我们依然奋力读书，并非书中真的有颜如玉和黄金屋，也并非大学文凭就一定能够保证我们一辈子衣食无忧，可以说现代的大学已经普及，并不再是单一的跳龙门作用，而是能够把我们带入不同的生活层次，和更多勤学好问、敏学好思的同学们在一起，接受大学校园浓重的文化氛围和求知环境的熏染。如果说读过大学的孩子和没读大学的孩子之间一定有什么区别的话，区别不仅仅在于知识的多寡，而在于孩子们眼界开阔的程度不同，身边围绕的人群不同，也最终导致他们的人生观、世界观、价值观等不同，而且人生也由此拉开了差距。

现代社会，大学生绝不再是抢手货。一个人不管学历多么高，也不管资历多么深，都必须保持终身学习的好习惯，才不会被时代远远抛下。尤其是当知识更新的速度越来越快，信息传播更是如同坐上了火箭炮一样，我们唯有和优秀者为伍，才能更好地促进自身的进步和发展，从而做到兵来将挡，水来土掩，从容地面对生活。当然，生活中处处留心皆学问，而且三人行，必有我师。我们没有必要非和那些全面发展、方方面面都很优秀的人为伍，毕竟人是有圈子的，也许在你能力不足的时候根本无法融入更高层次的圈子。在这种情况下，我们完全可以学习身边那些人身上的优点和长处。所谓三个臭皮匠，胜过诸葛亮，只要我们愿意放低姿态，勤学好问，就一定能够从他人身上发现值得我们学习的闪光点。这样的学习，是人生中必不可少的。

马克思和恩格斯是好朋友。作为马克思主义的创建者，马克思因为受到政府迫害不得不长期流亡在外，生活上异常艰苦。为了支持马克思，家境相对富裕的恩格斯省吃俭用，常常给马克思寄钱，帮助马克思维持生活。

1863年年初，马克思的生活无法继续维持下去，简直连饭都吃不饱了，因而他决定让两个女儿辍学，还决定把家搬到租金相对便宜的贫民窟。得知这个消息后，恩格斯马上想方设法筹集了很多钱寄给马克思，帮助马克思一家人度过了困境。后来，在给恩格斯的信中，马克思写道："亲爱的恩格斯，我已经收到了你寄来的一百英镑。全家人都很感激你，无以言表。"当然，马克思并不仅仅从恩格斯那里接受馈赠，他也会在关键时刻不遗余力地帮助恩格斯。1848年11月，恩格斯仓促之间逃到瑞士，经济紧张。马克思得知此事后，尽管正在病中，却挣扎着起床去银行，取出自己所有的积蓄，毫不犹豫地寄给恩格斯。

这样一对志同道合的好朋友，不但在生活上相互关心，彼此扶持，还共同为了共产主义事业奉献终生。他们都住在伦敦时，恩格斯每天都会去马克思家里，与马克思一起探讨政治和科学。因为谈论得过于投入，他们甚至忘记了时间，沉浸在激烈的争辩中。有的时候阳光明媚，他们还一起去郊外散步，彼此间亲密无间。即使后来他们住得远了，也一直保持着书信往来，从未中断过交流。

马克思和恩格斯都以彼此为骄傲，并且竭尽全力支持对方的工作，帮助对方解决难题。有一次，还不精通英文的马克思要给一家英文报纸写稿，恩格斯得知此事后主动承担起翻译的任务，为马克思解除了后顾之忧。1883年，马克思去世之后，悲痛欲绝的恩格斯难以消除心中的悲伤，始终沉浸在失去马克思的痛苦之中，但他还是拒绝了朋友们建议他出游散心的好意，而是当即开始着手整理马克思的遗作《资本论》。为了帮助马克思完成遗作，他废寝忘食，一刻也不敢停歇，几次因为过度劳累导致身体垮掉。在历经十一年的辛劳之后，恩格斯终于完成了马克思的《资本论》。他说："当我整理《资本论》，就像又和马克思谈天说地，畅谈不已。"

在整整四十年的时间里，马克斯和恩格斯的友谊从未褪色，他们一起创建了马克思主义，给整个世界都带来了光明。也许正是因为彼此间的促进和激励，他们才能这么杰出和伟大，也极大地造福于全人类。

马克思和恩格斯都是优秀的人，他们彼此亲昵，相互扶持，最终创建了伟大的马克思主义，彻底改变了世界的格局和历史进程。从他们身上，我们不难看出朋友之间的深情厚谊，也不难看出志同道合的好朋友之间才能相互促进，最终成就彼此。

大名鼎鼎的哲学家苏格拉底说："我很清楚自己什么也不懂。"无疑，苏格拉底是谦虚的，但也正是因为他怀着空杯心态，所以才能不断学习和进步，最终成为举世闻名的哲学家。所谓三人行必有我师，我们也应该在生活中多多向他们学习。现代社会，也有人说看一个人的底牌，要看他的朋友。由此可见，朋友之间的实力总是相差无几，因而我们也可以把朋友当成自己的镜子，由此反观自身，不断进取。

生命不息，学习不止。我们每个人都应该抓住一切机会与优秀者为伍，从他们身上不断学习，也自我反省。在教育普及的现代社会，已经很少有不识字的年轻人了，因此也出现了新型文盲，即那些从来不知道主动学习的人。其实，人与人之间的客观条件和智力水平相差无几，人生之所以拉开差距，就是因为人们学习的能力有差异，而且对待学习的态度也完全不同。朋友们，当你们从大学校园里走出来的那一刻，你们就已经踏入了社会这所大学。唯有怀着谦虚的心态坚持学习，不断进步，你们才能真正从社会的大学毕业，也才能拥有自己的辉煌人生。

踩着前人的脚印前进，避免白费力气

在通往成功的路上，有无数的巨人可供我们顶礼膜拜。他们都有着与众不同的过人之处，他们的优点熠熠闪光，在暗夜中指引人们前进的方向。很多人都知道美国船王范德比尔特的故事。关于范德比尔特，仁者见仁，智者见智，而他最突出的地方莫过于超强的人际交往能力。这一点，是值得每一个现代职场人士学习的。

我们的确在读书的时候认识到了这些巨人的优点，但是一旦合上书本，我们还能记得应该如何向他们学习吗？虽然成功的经验不可照搬和复制，但是总能够为我们的实践操作提供宝贵的经验，从而帮助我们更好地面对未来。很多人把对于成功人士的敬仰挂在嘴边，只是轻描淡写地说几句崇拜的话，就将事情抛之脑后了。事实上，在通往成功的路上，如果你偶然能够踩着前人的脚印前进，就会避免很多白费力气的行为，如此一来，你不就变相地走了捷径了吗？和那些在追求成功的过程中就像无头苍蝇一样到处乱撞的人相比，任何思路的清晰和道路的明确，都将带给你巨大的优势。这就像是爬山，如果你想看得更远，你就要学会站在山顶的制高点极目远眺。否则，假如你一直在山下，即使耗尽眼力，只怕也只能鼠目寸光。沃尔玛公司的创始人沃尔顿曾经说过，他所做的每一件事情都是从别人那里学来的。如今，沃尔玛连锁超市遍布全球，不得不说沃尔顿的学习是非常成功的，模仿也是有所成就的。

皮特和刘峰是一起进入公司的，他们当初都是应届大学毕业生，没有任何工作经验。可以说，他们的起点是相同的。然而，短短的三年时间过去，如今皮特已经成为部门主管，而刘峰则成了皮特的下属。对于这样的命运，刘峰说自己运气不好，其实他所不知道的是，皮特是站在巨人的肩膀上才如此进步神速的。

刚刚进入公司的时候，皮特和刘峰一样，什么都不懂。但是，皮特很聪明，学习能力很强。因为是做销售工作，所以皮特每当听到经验丰富的老员工打电话时，就会放下手里的工作，侧耳倾听。了解销售工作的人都知道，要想把销售工作做好，一定要有超强的沟通能力。正是在这样的偷师学艺中，皮特的销售语言掌握得越来越好，运用起来也得心应手。还有段时间，皮特在发展中遇到“瓶颈”，不知道如何突破自己。那段时间他的业绩很差，整个人郁郁寡欢，失去了信心。在那个时候，他没有放弃，而是找到当时的主管，和主管畅聊工作心得。主管听完皮特的倾诉，笑着说：“你的反应是正常的。人生，是螺旋式上升的，不可能永远直线上升，总要经过一段时间的徘徊和迷惘……”主管还给皮特讲了自己初入销售行业的很多趣闻逸事，帮助皮特清醒地认知自己的状态，也更好地找到出路。

回忆这三年来的工作，皮特一直在踩着巨人的肩膀往上攀登。他很清楚地意识到，自己的经验和前辈相比总是不足，因而学习是必须长期保持的状态。所以，他总是盯着那些比自己更加优秀的人，从他们身上汲取经验和教训，从而实现进步的捷径。而刘峰呢，一直埋头苦干，凡事都依靠自己慢慢摸索，因此他也就远远落后于皮特了。

在这个案例中，皮特请教了主管，而且还跟着老员工偷师学艺，其实都是在踩着巨人的肩膀前进。所谓巨人，并非特指那些名垂青史、功成名就的人。无论是生活中还是工作中，只要是比我们更优秀的人，都可以成为我们进步的阶梯。俗话说，三人行，必有我师。即使是普普通通的人，当你看到他的身上有值得你学习的地方，你也应该马上虚心学习。所谓虚心使人进步，骄傲使人落后，真是至理名言啊！

现代社会的发展速度非常之快，任何人都不知道在下一秒钟将会发生怎样的巨变。因而，我们唯一能做的就是抓住每一个机会学习，充实自我，这样才能以不变应万变，即使未来发生了什么事情，也可以以实力从容面对。从现在开始，就让我们拓宽眼界吧，因为一个人眼界的高低决定了他人生的境界。

当你放宽眼界，就会发现世界很大。而作为一只井底之蛙，是永远也不可能看到辽阔高原的蓝天白云的。尤其是当站在巨人的肩膀上时，你会更加豁然开朗。

纵观古今中外，人类社会之所以能够飞速发展，持续进步，正是因为代代相传的经验，也因为后辈对于前辈不断地模仿和学习。模仿，能够帮助我们最大限度地借鉴前辈的经验，学习，则让我们超越前辈，有所创新。在这样的代代传承中，人类就实现了持续的进步。当然，需要注意的是，站在巨人的肩膀上找到成功的捷径，并不意味着我们一切都照搬巨人的经验。要知道，每个人的情况都是完全不同的，而且时代的变化也改变了整个格局和背景。东施效颦只会使你贻笑大方，唯有秉持取其精华、去其糟粕的精神，我们才能在依葫芦画瓢的基础上，有所创新，形成自己的风格。著名画家齐白石曾经对他的学生们说，“学我者生，似我者死。”这句话的意思是说，学习他的优点并且发扬光大、最终形成自己独特风格的学生，能够成为一代大家，而一味地只知道模仿他、毫无自己特点的学生，最终只会导致无路可走。不仅画画如此，一切的学习都是如此。归根结底，一次成功的学习，必须是在汲取前人经验的基础上，进行合理的取舍，最终形成自己的风格，并且把自己的风格发扬光大。我们唯有保持自己与众不同的魅力，才能形成属于自己的标签。

避开短处，激发自己的能力

生活中，不乏有些妄自菲薄的人，他们根本不知道自己的优势在哪里，只知道一味地自卑。有的时候，谦虚过头也是自卑。在这个求实创新的年代，唯有客观评价自己，我们才能发挥自己的长处，避开自己的短处，最大限度地激发自己的能力，最终获得成功。

对于特长，很多人的理解都有失偏颇。曾经有个女孩说自己的特长是化妆，其实每个爱美的女人只要愿意学习，都会有很高超的化妆技巧，这几乎是人人都可以做到的，根本不能算作特长。所谓特长，是能够让你区别于他人、表现自己优秀的特点。更狭义地说，本文所说的特长，是指能够帮助你获得成功、实现人生理想的显而易见的优点。那么，你的特长是什么呢？你只有了解自己的特长，才能做到取长补短与扬长避短，最大限度地发挥自己的优势。还有人说自己的特长是勤奋。勤奋，根本不能算作特长，因为任何人只要愿意，都可以很勤奋。也因此，品质与特长并不能混淆。

很多职场人士都曾听说过“核心竞争力”这个词语。所谓核心竞争力，就是你能够战胜他人获取成功的优势。当一个新人拥有了核心竞争力，就一定能够迅速地脱颖而出，吸引很多人的眼球。当一个人拥有了核心竞争力，他在竞争中就会处于有利的地位，击退一切想要取代他的对手。当一个企业拥有核心竞争力，就能在日益激烈的市场竞争中占有一席之地，实现利益的稳步增长。由此可见，核心竞争力是生存的基础，是每个人和每个企业都必须具备的。只有具备了核心竞争力，个人的职业生涯和企业的发展生涯，才会更加乐观。

现代职场，仅凭老黄牛的精神，任劳任怨、脚踏实地，显然已经不足以应付危机四伏的局面了。要想从众多人才中脱颖而出，我们除了要具备优秀的品质外，最重要的就是要有一技之长，要有特长和优势，这样才能巩固地位。如果你只把上班的八个小时当成是一种煎熬，你即使再有能力，也注定平淡无奇。我们要把工作当成毕生的事业去做，这样才能事半功倍。如何做事业，你还是需要依靠特长。当你清楚地知道自己的特长是什么，从而做到扬长避短，你离成功就更近了一步。尤其是在人才济济的现代职场，你必须积极展示自己的特长，才能得到更多的机会。因此，不要再默默无闻了，当你确定自己很优秀，就勇敢地展示出来吧！

内向的丽娜是厚着脸皮去内衣公司应聘的。因为对着一个男性考官侃侃而谈关于女性内衣的设计理念等，实在是很让人尴尬的。但是丽娜知道自己的特长在哪里，那就是独特的设计理念和新颖的款式。

丽娜是学习服装设计专业的，后来又因为对内衣有着浓厚的兴趣，因而最终术业有专攻，专门研究内衣设计了。为了避免面试时的尴尬和难堪，丽娜充分发挥自己的特长，进行了深度设计，还以PPT的形式，全面展示了自己的设计理念和产品的细节部分。为了使话题显得不那么尴尬，她还以漫画的形式针对产品的一些疑问，进行了解答。当看到这个面试作品时，考官不由得眼前一亮。他问丽娜："这些PPT都是你自己做的吗？漫画也是你自己画的吗？"丽娜点点头，表示认可。考官又问："那么你认为自己的优势和弱势分别是什么？"丽娜大方地回答："我的优势就是这些作品，我的弱势就是我很内向，不太好意思与人讨论关于内衣的话题。不过既然我对内衣的设计工作如此热爱，我想我不但会取长补短，也会积极地改进自己，弥补缺点。"听了丽娜的回答，考官满意地点点头。果不其然，丽娜在几天之后就收到了聘用通知。在工作中，她非常努力地克服缺点，上司考虑到她生性腼腆，在她与客户沟通时，还特意派了一个比较乐观开朗的男助手给她。如此一来，丽娜在工作上的弱势几乎完全不存在了。

大凡成功人士，很少是因为劣势获得成功的。相反，他们总是清楚地知道自己的优势，也愿意为了优势弥补劣势，从而使优势更加发扬光大。案例中的丽娜，很清楚自己的优势，因此在面试时最大限度地展示自己的优势。因为她对自己的优势充满信心，所以面对考官的提问，她也能坦然说出自己的劣势，而丝毫不担心考官会因为她的劣势放弃聘用她。这样的坦荡，只有充分了解自己优势的人，才能做到。

曾经，有个人问一位画家为什么能够坚持常年作画，画家毫不迟疑地回答："因为我在绘画方面有天赋，这是我的优势。如果做其他事情，我想我做不到这么好。"这个画家的回答毫不矫揉造作，完全说出了每一个领域的佼佼者的心声。

需要注意的是，所谓优势，一定要与专长画等号。在一场笔试中，曾经有个人在回答自己的优势时，洋洋洒洒写了十几项。当考官看到他的回答时，一定很难相信他真的具备这些优势。术业有专攻，再加上人的时间和精力也是有限的，一个人不可能在很多方面都炉火纯青，因而，我们必须专而精。唯有如此，我们的优势才能发扬光大。当然，有些优势是天生的，有些优势则是后天培养出来的。当你觉得自己缺少优势时，不妨综合分析自己的情况，最终选择最合理的方向培养自己的优势。只要功夫深，铁杵磨成针，相信只要你持之以恒，深入学习，你一定能够具备自己的优势！

成功需要梦想，梦想需要坚持

我们都知道，人生旅途上沼泽遍布，荆棘丛生。也许会山重水复，也许会步履蹒跚，也许，我们需要在黑暗中摸索很长时间，才能找寻到光明……但这些都算不了什么，一个心中有梦想的人，都会坚信一点，总有一天，他们会变得很棒。所以，你只要做到不放弃，知道自己要什么，该干什么，那么就应该勇敢地去敲那一扇扇机会之门。

里根生在一个极其普通的家庭，全家四口人只靠父亲一人当售货员的工资维持生活。生活的艰辛磨炼了里根的意志，也使他产生了出人头地的强烈愿望。

里根大学毕业后，想试着在电台找一份工作，然而，他每次都碰了一鼻子灰。最后，里根驾车行驶了70英里来到特莱城，试了试爱荷华州达文波特的电台。电台主任让里根站在一架麦克风前，凭想象播一场比赛。里根凭借出色的表现被录用了。

在回家的路上，里根想到了母亲的话："如果你坚持下去，总有一天你会交上好运。并且你会认识到，要是没有从前的失望，那是不会发生的。"

这次求职成了里根人生旅途的新起点。它使里根懂得，一个人只要有信心，能把握自己该干什么，那么就应该走出去敲那一扇扇机会之门。

事实证明，任何一个目标肯定的人，都不会迷茫，更不会中途放弃。一个人要想获得人生的幸福，那么每一天都应该勤奋工作。付出不亚于任何人的努力是一个长期的过程，只要坚持就一定能够获得不可思议的成就。

成功需要梦想，梦想需要坚持，这是一个最原始也最简单的真理。诺贝尔奖获得者巴斯德曾豪迈地宣称："告诉你达到目标的奥秘吧，我唯一的力量就是我的坚持精神。"需要持之以恒的原因就在于，世上凡是有价值的事情通常都是有一定难度的，不可能一蹴而就，因此只有持之以恒才能完成。

日常生活中，也有不少人都有自己的梦想，但紧张的工作，可能会让你搁浅心中的梦想。但你是否发现，正是因为你失去了梦想，你才会显得无力，没有热情。任何人的潜能只有具有一个伟大的动力，才会被最大限度地激发出来。而在这个过程中，最为重要的就是在面对压力、挫折、困难时是否有继续向前的愿望和动力，任何想要成功的人，他首先要学会的就是坚忍不拔，要能够超越失败，成功才会离你越来越近。

蓄势待发，铸就耀眼光辉

俗话说："台上一分钟，台下十年功。"有可能在台上表演的时间往往只有短短的一分钟，但为了台上这一分钟的表演时间，许多人却要为此付出十年的艰辛努力，甚至需要付出更长时间的努力。

同样，在这个世界，没有任何一个人能随随便便成功，因为罗马城也不是一天就建成的。蜕变来自于长时间的积累，一步登天的奇迹以及一蹴而就的成功，那也是经历了上百次的尝试，才铸就了这样短暂的光辉。

生活中，做任何事情都需要一个过程，一点点累积，就足以凝聚成一股巨大的力量。如果你放松了平日的努力，只靠临时抱佛脚，那注定会失败。有时候，在平日中不断努力却没有得到回报的人们，心里总是抱怨：为什么上天不公平呢？其实，上帝给予我们的都是公平的，如果你还没有得到回报，那只是因为还没到时机，因为时间就是最好的见证者，它见证了你一点点的努力，最后，它也将见证你的成功。

做一件事就好像建城一样，你要想把它建成、建好，你就必须付出超出常人的代价和心血。我们应该记住，通往成功的道路从来不是一条坦途，人生必须渡过逆流才能走向更高的层次，最重要的是在这个过程中学会忍耐，蓄势待发，最终一举成功。

哲人说：“成功者大都起始于不好的环境并经历许多令人心碎的挣扎和奋斗。他们生命的转折点通常都是在危急时刻才降临。经历了这些沧桑之后，他们才具有了更健全的人格和更强大的力量。”一个人若是不付出，不努力，就梦想着成功，那根本就是做白日梦，时间不会给予你任何东西，只会给你的人生留下一段空白。生活就是这样，你需要付出，才能有所收获，而这样的付出是不间断的，一旦你放弃了，那你即将获得的成功也会随之消失。在更多的时候，你的付出与收获是成正比的，你付出的汗水和艰辛越多，你收获的东西也将越多。相反，如果你一点都不想付出，只想坐等成功，那是根本不可能的，你等来的终究是一场空。

学习他人身上的闪光点

对于年轻人而言，结交什么样的朋友，对一个人的一生是十分重要的。中国有句古话：“近朱者赤，近墨者黑。”这句话说明了朋友对一个人的影响，假如我们想了解自己的朋友，可以通过一个与他交往的人去了解他。比如，一个对饮食有控制的人不会和一个酒鬼混在一起；一个举止优雅的人不会和一个行为粗鲁的人交往；一个洁身自好的人不会跟一个自甘堕落的人交朋友。好的朋友就好比一个良好的环境，可以让我们自己也变得优秀。

在这里，并不是说那些比我们看起来稍逊一筹的人就很差，其实，每个人身上都有值得我们学习的地方。不过，那些优秀的人更值得我们去学习，他们之所以优秀，是因为身上有一些常人没有的闪光点，这才是我们学习的关键之处。

俗话说："三人行，必有我师焉。"优秀的朋友可以帮助我们进步，他们的智慧、知识、能力等方面的长处可以成为促使我们前进的能量和源泉，从而让我们获得一些终身受益的东西，这是因为单独的一个人可能灭亡的地方，两个人在一起可能得救。

假如年轻人受到良好的影响和明智的指导，谨慎地运用自己的自由意志，那他们就会从身边寻找比自己优秀的人作为自己的榜样，努力去模仿他们。与比自己优秀的人交朋友，就会从中汲取营养，使自己得到长足的发展。

第 09 章
有自己的看法，思维具有独立性和独特性

生活中，我们对人对事应该有自己的见解，不能人云亦云，尽管随大流看上去并没什么错，但有自己独特的想法，往往会赢得他人的赞赏。凡事有主见，让自己的思维有独立性和独特性。

独立思考而不是盲从他人

日常生活中，可能我们都有这样的感触：对于那些已经经过前人证实的观点或者众人都认同的思想，我们通常会本能地接受、省略思考的过程。事实上，如果一个人总是有从众心理的话，那么，他最终会变得随波逐流，毫无创新意识和创新能力，进而一事无成。

哲学家尼采说：“我们不能被人们的心理波动所驱使，错误地判断事物是否重要。”也就是说，对于任何事物，我们都要有自己的思考，要养成凡事不要看表象的习惯，对于问题要有寻根究源的愿望，然后巧用逻辑思维找到答案。这一点，一千多年前的伽利略就给我们树立了榜样。

表面上看，重的铁球应该是最先着地的，但实际上，伽利略向所有人证实了事实并非如此。

从这里，我们应该有所启示，很多时候，事物的表象往往具有迷惑作用，要想拨开迷雾，你要善于运用逻辑思维。因为逻辑思维既不同于以动作为支柱的动作思维，也不同于以表象为凭借的形象思维，它已摆脱了对感性材料的依赖。

一位心理学家称，每个人都容易羡慕别人，因为在比较中，你总会发现比你优秀的人。很多人不禁感叹，自己何时能赶上别人？世界著名的成功学大师拿破仑·希尔著有《思考致富》一书，在书中，他提出是“思考”致富，而不是“努力工作”致富。希尔强调，最努力工作的人最终绝不会富有。如果你想变富，你需要“思考”，独立思考而不是盲从他人。

人都是独立的个体，对每一个事物都应该有一个主观的看法和评价，一味顺从别人的看法，你将找不到属于自己的路。然而，生活中有这样一些人，他们已经习惯了听从他人的意见，甚至缺乏判断和选择的能力，这样的人又怎么可能获得别人的尊重，又怎么可能独当一面呢?

所以，生活中的人们，如果你希望在未来社会也闯出一片天地，那么，从现在起，无论遇到什么，都要学会独立思考，切勿人云亦云。

为此，我们需要注意以下几点：

1.采用稳健的决策方式

有时候，你的大脑可能会一味地陷入哪个好哪个坏的争论之中，事实上，只要没有明确的二者择一的必要，就不必太早决策。

2.要养成独立思考的习惯

不能独立思考，总是人云亦云，缺乏主见的人，是不可能做出正确决策的。如果不能有效运用自己的独立思考能力，随时随地因为别人的观点而否定自己的计划，将会使自己的决策很容易出现失误。

3.不要总是什么都试图抓住

过高的目标不仅起不到指示方向的作用，反而由于目标定得过高，带来一定心理压力，束缚决策水平的正常发挥。事实上多数环境中，如果没有良好的决策水平做支撑，一味地追求最高利益，势必将处处碰壁。

4.不要怕工作中的缺点和失误

成就总是在经历风险和失误的自然过程中才能获得的。懂得这一事实，不仅能确保你自己的心理平衡，还能使你自己更快地向成功的目标挺进。

5.不要对他人抱有过高期望

不听从他人，但也不能对他人百般挑剔，要知道，希望别人的语言和行动都要符合自己的心愿，投自己所好，是不可能的，那只会自寻烦恼。

一个人，活着就必须活出自我，就要学会支配自己的大脑，就要有自己的主张，这样才能保持一个人的格调。总之，我们一定要有自己的想法，要有自己的原则，当你认为自己的观点是正确的时候，没必要为了讨好别人而一味迎合，也没必要因为害怕得罪人而对别人的要求来者不拒。

一个有从众心理的人是很容易人云亦云的，这种心理足以抹杀一个人的前进的雄心和勇气，阻止自己用自己的努力去换取成功的快乐。它还会让我们跟随他人的脚步而只能停在别人的身后，以致一生都碌碌无为。因此，如果你想获得成功，那么，从现在起，无论遇到什么，你都要学会独立思考，不要人云亦云。

积极适应不断变化的外界环境

“物竞天择，适者生存”是自然界生物进化的基本规律。生活中的人们，在这个充满变化、竞争的时代，如果你能适应这种变局，你就是生活的强者；如果不能适应变化、竞争，无论你看起来多么强大，都有被淘汰的危险。其实谁都明白这个道理，谁都想从残酷的竞争中脱颖而出，成为时代的强者。但真正做起来却很难，这需要你及时调整思维，头脑灵活，积极适应不断变化的外界环境。

对于“与时俱进”这一词，相信我们都耳熟能详，这个成语的含义是，无论做什么都要懂得变通，毕竟我们所生活的时代每天都在变化，守旧的思维模式只能让我们被时代抛弃。事实上，自古以来，人类的进步就是因为能做到与时俱进，能做到思维的创新，可以说，人类如果故步自封，就只会停滞不前。同样，作为单个人，能不能做到思维上的与时俱进，直接关系到一个人的事业成败，因为只有创新才能激活自己全身的能量。

诚然，在激烈的社会竞争中，需要思想和智慧。没有头脑的人，一旦遇到阻碍，就会为自己设置一个“不可能”的思维模式。而事实上，只要你转换一下思维，拓宽自己的思路，出路就在眼前。

其次，你需要敢于开拓和尝试。变通思维是创造性思维的一种形式，是创造力在行为上的一种表现。思维具有变通性的人，遇事能够举一反三，闻一知十，做到触类旁通，因而能产生种种超常的构思，提出与众不同的新观念。科学领域中的任何建树，都需要以思维的变通为前提。一般来说，变通思维用好了，就会起到一种“柳暗花明”的奇妙作用。

在漫长的人生旅途中，每一个人不能不面对变化，不能不面对选择。学会变通，不仅是做人之诀窍，也是做事之诀窍。那么，生活中的人们，你该怎样提高自己的思维变通能力呢？

1.关注前沿信息，更新观念

日常生活中，我们除了学习外，也要关注时事新闻，关注周围世界的变化，这样，你才能逐步更新自己的观念和强化自己的变革意识。

2.要有勇气应对变化

勇气的作用就是调动起自己全部的能力去迎接变化和挑战。一个人想学会变通，首先必须鼓足勇气。勇气是人的一种非凡力量。它虽然不能具体地去处理某一个问题，克服某一种困难，但这种精神和心态却能唤醒你心中的潜能，帮助你应对一切变化和困难。

3.要有信心开发潜能

所谓信心，就是一种心态潜能。也就是说，你是一个充满信心的人，你有信心克服困难，有信心获得成功。那么，你身上的一切能力都会为你的信心去努力，你也就有可能成为你希望成为的那种人；反之，如果你缺乏信心，总以为自己没有能力去做这一切，那么，你的一切能力也就会随之沉寂，自然你就成为一个没有能力的人。

4.要善于改变自己的思维定式

人的思维方式，常常出现两大定式：一是直线型思维，不会拐弯抹角，不会逆向思维和发散思维；二是复制型思维，常以过去的经验为参照，不容易接受新鲜事物。

实践证明，不管你是觉察到还是没有觉察到，不管你是愿意还是不愿意，每个人时时刻刻都在寻求变通，有所不同的是，善于变通的人越变越好，而不善于变通的人是越变越差。我们只要掌握了变通之道，就会应对各种变化，在变化中寻找到机会，在变化中取得成功。有人说，生活其实就是一面变幻莫测的魔镜，如果你总是想着生活不如意，那么不顺心的事就会像妖魔出洞一样全向你袭来；如果你能适应变化的环境，调控好自己的心态，变幻的魔镜将会使你摆脱挫折，越过障碍，远离烦恼，迎接你的将是灿烂的阳光，美丽的鲜花。你的心情也将随之轻松愉悦。

生活中的人们，如果你希望自己能适应现在的工作、生活乃至整个社会环境，你需要明白“适者生存”这个道理，并要积极思考，随时调整自己。只有这样，你的梦想和目标才会在社会大潮中成活，你才会收获成功和幸福！

正确界定个性和任性

个性与任性，仅仅一字之差，却有着天壤之别。有个性的人，往往性格特征鲜明，有主见，不会轻易妥协，坚持得很有道理，最终说不定还能博得别人的认可，说他是真正的特立独行者。任性呢？肆意妄为，自私固执，油盐不进，刀枪不入……和任性相关的形容词，似乎都带着贬义。那么，我们如何界定个性与任性呢？其实，个性与任性不仅仅有着构成上的一字之差，在生活中的真正表现，也是有着不同之处的。

从字面来理解，所谓个性，其实就是不同于共性的独特性格。个性需要聪明与智慧来支撑，在与共性保持特立独行的同时，也能兼顾共性，并且还要靠实力证明自己，最终博得认可。任性呢？不聪明的个性就是任性。任性的人往往有着愚蠢的个性，他们盲目地以为自己是正确的，听不进别人客观的建议，一味地固执己见，最终导致众叛亲离，没有人会欣赏别人的任性。任性的人，相处久了，会使人觉得很累。试想，活着本就艰难。别人可以一次两次地迁就你，次数多了，谁还有那个闲情逸致呢？所以，任性的人往往没有好人缘，也很少有机会像有个性的人那样被冠以“可爱”的名号。

现实生活中，很多人混淆了个性和任性这两个概念。举个最简单的例子，在中国的传统封建文化中，奉行夫为妻纲、父为子纲。现代社会，各种观念都开放了，人们的思想也不再迂腐陈旧，甚至很多地方都已经与国际接轨，因此，对于孩子的教育也不像从前那般呆板。常常看到现在的家长带着孩子出去游玩或者参加公众活动的时候，孩子总是大喊大叫，又蹦又跳，毫无素质。这时，有些家长会解释：“哎，现在都提倡培养孩子的动手和创新能力，所以我们也不能把孩子管傻了。就让他们自由一些，发展个性。”请问，这是个性吗？不管再怎么崇尚个性，道德礼仪和对他人的尊重，还是必不可少的。如果把孩子没规矩没教养称为有创新能力，那么未免是个极大的讽刺。这样的家长，只能教育出任性妄为的孩子，而与个性扯不上丝毫关系。都说教育要从娃娃抓起，如果作为父母都不能正确界定个性和任性，又怎么可能培养出彬彬有礼、个性十足的孩子呢？！

乐乐9岁了，是一个非常有个性的孩子。在随着爸爸妈妈工作调动，从北京转学来到南京后，乐乐没少和班主任起冲突。刚开始的时候，妈妈虽然担心乐乐对南京的基础教育能否适应，却没有想到更多的不适应来自观念上的冲突。在北京，乐乐在一家私立学校就读，老师非常尊重孩子的个性，遇到问题往往能和乐乐平等沟通。来到南京后，因为一个班级里的孩子比较多，老师工作繁忙，所以更多地采取了“一刀切”的方式处理同学之间和师生之间的矛盾。

一天放学，乐乐闷闷不乐地对妈妈说：“妈妈，我今天问了老师三遍，什么时候才会上音乐课，老师都不理我。”妈妈问：“为什么不理你呢？是不是老师没听见？”乐乐郁闷地说：“不可能没有听见。”正在这时，妈妈接到了老师的短信，说乐乐上课不专心听讲。妈妈因势利导，问乐乐：“对了，你最近表现怎么样呢？”乐乐不假思索地说：“挺好的呀。”妈妈委婉地说：“哦，那就好。不管有什么事情，都要保证认真听讲，认真完成作业。”

第二天，妈妈抽空去了学校，找到老师了解乐乐在学校里的表现。通过和老师的沟通，再加上晚上回家之后和乐乐的沟通，妈妈终于弄清楚前因后果。原来，在北京的时候，没有特殊情况都是按照课表上课。但是来南京之后，主课老师习惯于把副科占为己有，用于复习。在问了老师三遍什么时候上音乐课都未果的情况下，乐乐同学产生了抵触心理，不再认真听讲，因为那节课原本应该是音乐课。对于这样突发的矛盾，妈妈没有不分青红皂白地指责乐乐，而是把不同城市的教育情况进行了对比，让乐乐知道老师也有苦衷。对于丢失的副课，妈妈会利用节假日的时间带他出去玩，把快乐找补回来。

上述案例中，对于乐乐的个性，妈妈在小心翼翼地呵护着。很多时候，大环境如此，我们无法去改变什么，只能尽力弥补。乐乐的确是个有个性的孩子，在遇到问题的时候，他没有胡搅蛮缠，而是第一时间和老师沟通。虽然没有得到回应，但是孩子做出了努力。这样的结果，虽然不是最佳的，却是妈妈绞尽脑汁想出来的，能够在一定程度上平衡理想和现实的差距。

在成人社会里，也有不少人和乐乐有一样的烦恼。虽然他们在工作上有自己独特的见解和思路，但是因为大多数单位都是统一的管理，所以，个性得到完全尊重是不可能的。不过没关系，我们应该向乐乐妈妈学习，尽量想办法平衡个性和现实的冲突，保持自己的个性，避免任性而为带来的恶劣后果。

冲破思维的墙

看到这个题目，也许会有很多读者朋友提出异议：思维里也有墙吗？没错，你没看错，思维的确也是有墙的，很多时候我们之所以无法打开思路，就是因为这些墙壁在处处给我们设置障碍。

和现实生活中钢筋水泥铸就的墙不同，思维的墙是无形的，因而我们根本不可能准备好工具将其拆除，而只能想办法打开自己的思路，帮助自己形成发散性思维，从而成功地创新，继而突破自我，超越自我，最终成就自我。众所周知，人都是有惯性的，这种惯性不仅涵盖了行为的方面，也涵盖了思维的方面。因此，人们不但在行为上存在根深蒂固的习惯，在思想上也同样会因为传统思维和固定思考模式的影响，最终导致一切都按部就班，因循守旧。在这个飞速发展的时代，整个社会都日新月异，可想而知，这样的迂腐会给我们的生活带来严重的负面影响，也会使我们自身的发展受到局限。因而，不管从与时俱进的角度，还是从自身发展的角度，我们都应该努力形成发散性思维，让自己学会从更多的角度思考问题，也找寻更多创新的方法解决问题，最终才能如愿以偿不断提升和完善自我，使自己成为真正的强者。

北宋时期著名的政治家、史学家司马光，从小就是一个特别聪明，而且能够开动脑筋进行创新思考的孩子。也因此，他从小就显得和其他孩子不一样。

有一次，年幼的司马光和小伙伴们一起在花园里玩耍。花园里风景秀丽，不但有花有草，还有很多假山呢！一个小男孩爬到高高的假山上玩耍，突然不慎从假山上跌落，正好掉进假山下面的大水缸里。当时正值夏季，雨水丰沛，水缸里也蓄满了水，眼看着小男孩不停地挣扎着，其他小伙伴这才发现有人落水了，大家不由得全都惊慌失措，根本不知道如何是好。小男孩命在旦夕，有些胆小的孩子吓得哇哇大哭，个别大点儿的孩子赶紧跑去找大人来帮忙。然而，小男孩似乎等不到大人来救他了，他已经没有力气挣扎，而是渐渐地沉入水里。这时，司马光说：“大家别怕，我们马上想办法救他出来。”孩子们全都面面相觑，谁也不知道有什么好办法能够挽救小伙伴的生命。这时，只见司马光从附近找到一块很大的石头，不由分说地就朝着水缸使劲砸去。水缸应声碎掉，里面的水猛地涌出来，小男孩得救了。

等到大人闻讯赶来时，司马光已经成功挽救了小男孩的生命。除了喝了几口水，小男孩没有性命安危。事后，有人问小小年纪的司马光："你是如何想出砸缸救人的？"司马光说："我想我们小孩子都没有水缸高，也无法把他捞出来。那么最好的办法就是把水缸里的水倒出来，但是我们又搬不动水缸。既然这样，就只能把缸砸碎，毕竟救人要紧。"

从司马光砸缸的故事中不难看出，小小年纪的司马光思维敏捷，条理清晰，因而才能在危急情况下进行理智的思考，从而帮助小伙伴成功脱险。这个被传颂了千百年的故事如今我们依然能够从中得到深刻的启示。其实我们在现实生活中也经常遇到各种危急的情况，与其手足无措，不如冷静下来理智思考，只要能够调整思路，换个角度思考问题，我们就能够想到出人意料的好办法，从而达到事半功倍的效果。

所谓发散性思维，形象地说，就是以问题为中心点，让思维不受任何拘束朝着四面八方进行思考，其中也包含逆向思维的方式。这样一来，我们才能突破常规的思维方式，使想出的办法更加富有创新性，在解决问题时也能达到出人意料、事半功倍的效果。

换个角度，问题会迎刃而解

任何时候，我们的人生都不可能一帆风顺，总是有晴朗也有风雨，有快乐也有痛苦，有欢喜也有悲戚，总而言之，人生总是在不同时段以不同的面貌对待我们，从而使我们感受生活的酸甜苦辣咸，百般滋味。在人生的道路上，我们也会遇到各种各样的问题，这些问题或许非常艰难，看似难以解决，实际上只要我们调整思路，换个角度辩证地看待问题，问题往往就会迎刃而解，我们因此而忧愁焦虑的人生，也会变得更加从容快乐。

有些人抱怨世界上缺少美，实际上只是缺少发现美的眼睛而已。有的人抱怨自己的人生不够平顺，总是充满坎坷，也因此导致艰难倍增，实际上，即便是再艰难的生活也总有柳暗花明又一村的时候，只要我们的心中怀有希望，坚持不懈，总有一天能够迈出困境，使得人生更加开阔。当然，这一切的前提条件都是我们要学会辩证地看待问题，既看到问题悲观消极的一面，也看到问题积极乐观的一面，这样我们才能从容理智地分析和解决问题，也使我们的人生从容快乐。相反，假如一个人的心中充满抱怨，充满暴戾之气，那么他无论如何也无法做到坦然对待人生，更别说在艰难的境遇中心怀希望，不懈努力了。

其实，对于改变思路的重要性，人们早就有了认识。人们常说的树挪死，人挪活，就是这个道理。意思是说对于种子，千万不要随意移动，否则就会伤害它们的生命力，但是对于一个人而言，如果总是坚持传统思想，故步自封，无论如何也是无法突破现状，让人生拥有新天地的。尤其是现代社会正处于飞速发展的时代，我们更要调整思路，与时俱进。当我们根据事情发展的情况进行综合分析，既看到事情的弊端，也看到事情有利的一面，我们的选择也会更加理智，从而避免人生陷入尴尬的境遇中，蒙受损失。此外，保持愉悦的心境对于人生的好处毋庸置疑，因而从情绪的角度来看，由此带来的好心情是更加让人欣喜和倍感安稳的。

人生一世，很难一帆风顺，唯有采取平静淡然的态度面对人生，我们才能更加理智，更加从容不迫。为人处世，我们也应该放宽心胸，从各个不同的角度看待和分析问题，既看到事情好的一面，也对事情不好的一面做好心理准备，这样才能兵来将挡，水来土掩，淡定从容过一生。

走出属于自己的人生道路

尽管人们常说不以成败论英雄，但是现实生活中，大多数人还是情不自禁地把人以成功和失败进行简单的归类，似乎这个世界上除了成功者就是失败者，除此之外再也没有其他。毋庸置疑，每个人在人生路上都渴望得到成功，而不希望与失败形影相随。似乎失败就是洪水猛兽，将会彻底毁灭我们的人生一般，其实失败并非我们所想象的那么可怕，大多数人的成功都是在失败的基础上得到的，因而很多人都说失败是成功之母，失败是成功的阶梯。

现代社会处于信息大爆炸的时代，尤其是各种通信技术的发达，也使信息时刻充斥着我们的生活。正因如此，信息的更新速度对于我们的生活影响越来越大，有的时候及时得到信息就能获得成功，反之则会贻误先机，导致被动。由此诞生了很多好创意、金点子公司，帮助人们借助于信息，抢占先机，从而获得成功。需要注意的是，只有好的创意还是不够的，一旦错过时机，就会使好主意变得没有任何含金量，也使我们距离成功越来越远。那么，如何才能把握先机呢？做生意的人都有这样一个感触，即当一门生意已经毫无秘密可言，且有很多人都蜂拥而上时，则意味着这门生意不会取得良好的收益，甚至还会赔本。相反，只有当一门生意刚刚出现，甚至根本没有人意识到商机的时候，我们勇敢地成为第一个吃螃蟹的人，才能做好独门生意，获得丰厚的利润和回报。就像走路一样，一条路如果走的人多了，即使很宽敞的路也会变得拥挤起来，甚至像独木桥一样难以通行。与此恰恰相反，假如我们走的是人迹罕至的独木桥，尽管狭窄，但是只有我们从容地通过，那么这个桥也是相对宽敞的，而且还因为独辟蹊径，我们更能够抢先于别人看到独特的风景。人生也是如此，就像是走独木桥，唯有在他人都不知道的情况下发现捷径，才能抢先到达目的地，尽情欣赏人生的风景。

尽管已经在女性服装设计方面获得了成功，但是皮尔·卡丹作为举世闻名的服装设计大师，并没有就此满足。他很喜欢创新，也富于钻研精神，因而马上开始思考更加深刻的问题：“既然不管是男人还是女人，都需要穿衣服，为什么服装设计仅仅针对女性，而不能把男性时装也涵盖在内呢？”当时，法国时装界对于时装还存在着传统的偏见，即所谓时装设计只能针对女性时装，倘若某一位设计师设计男性时装，则不为传统所接纳，甚至会遭到人们的诟病。皮尔·卡丹偏偏对设计男性时装产生了强烈的欲望，最终，他决定要打破传统思维，设计出让世人瞩目的男性时装作品。

1959年，皮尔·卡丹在巴黎举办时装展示会，隆重推出他潜心设计的男性时装。他的这一举动无疑在世界的时尚之都——巴黎，掀起了巨浪，很多服装设计的权威人士和前辈们，纷纷把矛头指向他。在短短的时间内，皮尔·卡丹从有名望的设计师成了众矢之的，他不但名誉受损，而且经济上也因为大家的一致抵触陷入困顿。但是他并没有畏缩，而是继续坚持自己的信念毫不动摇：既然女性有时装，男性也应该有。为此，他顶着巨大的压力，继续坚持实现自己的梦想，甚至还聘用专业的时装模特进行表演，展示他设计出来的时尚男装，最终，他在若干年后迎来了男性时装市场的春天。经他设计的一系列男性时装成为法国男装市场的潮流，并且很快就在全世界形成了男性时装的时尚之风。皮尔·卡丹成功了，他用坚持验证了自己的正确和先见之明，也走出了一条与众不同的人生之路。

跟着他人走出来的康庄大道行走，我们总能看到他人看倦了的风景。唯有走出独属于自己的人生道路，我们才能成为他人的引领者，也因此开创与众不同的精彩人生。很多人都知道但丁的名言：走自己的路，让别人说去吧。然而，这句话真正能够做到的又有几人呢？对于皮尔·卡丹来说，他正是因为走出了自己的人生之路，才能成为世界时装的领军人物，也才能始终走在时尚的前沿，成为庞大时尚队伍的引领者。

在这个世界上，有无数个与众不同的人，他们每个人都有独属于自己的人生模式。作为其中的一员，我们既不能盲目模仿他人的成功，也不能因为他人的失败而裹足不前。我们唯有从自身情况出发，走出属于自己的人生道路，才能拥有真正的成功。

第10章
舍得逼自己，你才能看到自己最优秀的一面

或许你看起来很平凡，甚至你自己也这样觉得，但事实上每个人都是一座宝藏，有一些潜能隐藏在我们看不见的地方。每当遇到挫折和困难的时候，要狠下心来逼自己一把，你才能看到自己最优秀的一面。

必须去尝试，才能知道事情的结果

现时的世界，有越来越多的人沉迷于享受和安乐。尤其是很多年轻人，即使第二天是世界末日，他们也自顾自地享乐，根本不为明日的事情操心。这种现世思想，虽然能够把人们从无穷无尽的忧思中解脱出来，但是也给生活带来很大的隐患。毕竟，生活很少在次日就戛然而止，无论你如何把今天当成是生命中的最后一天尽情挥霍，你都要准时迎接明天清晨太阳的升起。

很多人沉迷于当下的一刻，并非因为他们没有远见，缺乏规划，而是因为他们对未来的恐惧。他们不愿意去想未来的事情，因为他们知道这一切终将到来，而未必都是好的结果。所以，他们便尽量逃避，尽量拖延。没错，当你进场去打一场比赛，你面临的结局无外乎成功或失败。你当然害怕失败，成仁就义，也未必是那么风光无限的。可是，难道你不进场就一定能赢吗？答案当然是否定的。如果你始终不进场，那么你在避免失败到来的同时，也彻底失去了成功的可能性。你看到谁是在比赛场外赢得比赛的呢？所以，你若不进场，就永远不可能获胜。从现在开始，让我们鼓起勇气面对该来的一切吧！否则，你永远只能坐在观众席上，看场上的人酣畅淋漓地拼搏到最后一刻。哪怕是失败，也比不敢进场来得更加痛快！

正在读大学的张晓，眼下和大多数同学一样，每天都在赶场参加面试。她可不想毕业之后还向父母要钱吃饭穿衣，因而她未雨绸缪，提前几个月就开始节省生活费，以便在毕业后暂时找不到工作的情况下能够支撑一段时间。

前段时间，张晓无意间得知有家世界五百强企业正在进行年度的大规模招聘。这可是个千载难逢的好机会啊！在看过企业的招聘简章之后，虽然条件未必完全符合，张晓还是勇敢地投出了简历。得知此事后，张晓的好朋友月霞大吃一惊，说："你可真是自信爆棚啊！你知道吗，这家企业从未聘用过没有经验的应届毕业生，因为想去他们那里工作的优秀人才简直太多了。你投了简历也是做无用功，我建议万一你得到面试的机会，也不要去面试，否则就是自取其辱。"月霞的话打击了张晓的积极性，使她在一段时间里非常沮丧。不过，当真的收到该企业的面试通知时，她马上就像打了鸡血一样，变得亢奋无比。虽然月霞说这肯定是企业大批量打电话通知面试，所以才通知张晓的，张晓却不以为然地说："管他呢，既然通知我了，我就当成是他们对我很感兴趣。我要一如既往地去参加面试，即便不成功，也算是增加一次实战操作的经验。”

就这样，张晓抱着试试看的态度去参加面试了。面对考官提出的各种让人崩溃的问题，她完全放松，毫不紧张，说的都是自己的真实想法。出乎她的预料，三天之后，她收到了企业的聘用通知，让她于一周之内去企业的人力资源部签订劳动合同。

在这个案例中，原本以应届大学毕业生的身份，张晓是无法成功应聘这家世界五百强企业的。然而，现实的情况不停地在变化，曾经从不聘用应届大学毕业生的该企业，恰恰改变招聘思路，决定在聘用大量有经验的员工的同时，也吸纳一些新鲜的血液，培养一批企业的土生土长的人才。就这样，敢于进场的张晓意外地得到了面试的机会，且凭着勇往直前的拼搏精神，顺利进入这家知名企业工作，成为同学们羡慕的对象。

不管做什么事情，如果你连尝试和开始的勇气都没有，你也就注定了连失败的机会都没有。的确，一旦进场，你或者成功，或者失败，如果天时地利人和都不达标的话，你有绝大的可能失败。但是这没有什么可怕的，你必须去尝试，才能知道事情的结果如何。

很多时候，人生的转折并不会以轰轰烈烈的模样出现。

人生的很多重大转折，都是在一些不起眼的小事中实现的。有时因为一念之差，我们人生的格局就会完全改变，甚至导致与此前走向完全不同的方向。在这种情况下，我们必须勇敢地进场，努力地突破自己，甚至是超越自己。当你真的去做了，你就会发现，原来你心中的那堵墙并不存在，现实一帆风顺。退一万步来说，就算你真的遭到阻碍，你也可以重头再来。很多人都说年轻就是资本，我们要说，即使不再年轻，勇气也是最大的资本。正如刘欢那首歌里所唱的：心若在，梦就在，天地之间还有真爱；看成败，人生豪迈，只不过是重头再来。

包括股神巴菲特在内，没有任何人能够保证自己百战百胜。据说，巴菲特和很多普通人一样，也曾怀疑自己，也曾胆怯畏缩。他之所以能够成为享誉世界的股神，就是因为他在面对失败的时候，始终保持平静和理智，因而能够把失败当作阶梯，让自己更进一步，而不是使失败成为彻底阻碍自己发展的魔咒。战胜自我，超越自我，你也可以！

行动起来，你是最棒的

每个人都主宰着自己的命运，因而每个人要想摆脱命运的束缚，就必须首先战胜自己。就像海明威在《老人与海》中所表达的那样，一个人尽可以被毁灭，但就是不能被打败。的确，只要我们的精神屹立不倒，就没有任何人能够将我们打倒。因而，我们要坚信自己就是命运的上帝，我们主宰着自己的命运，我们决定自己的人生。

一个人在来到这个世界上之前，之所以能够在妈妈的肚子里生根发芽，茁壮成长，首先已经经历了千军万马的厮杀。在妈妈温暖的子宫里成长的过程中，同样要在漫长的黑暗中等待，经历无数次蜕变，才能有血有肉，成为一个健康的胎儿。想想吧，你生命的形成和成长，是多么神奇而又伟大的事情啊！尤其是这些变化不但繁复，而且充满无数变数，才能成为此时此刻的你。这么想来，你完全有理由为自己的生命感叹，也为自己无穷的生命力点赞。既然如此，还犹豫什么呢！你就是命运的主宰，你就是自己的上帝，从现在开始，行动起来吧！

如今，肯德基已经遍布世界各地，成为众人喜爱的快餐食品。然而，肯德基的创始人桑德斯上校的故事，却鲜为人知。桑德斯上校生活始终很拮据，直到退休，也仅仅是在高速路旁开了一家小饭店而已。当时，桑德斯上校就已经开始在自己的小饭店里售卖炸鸡，而且深受顾客的欢迎。但是，他的饭店生意刚刚有起色，就因为高速路改道导致顾客锐减而濒临倒闭。为此，桑德斯上校不得不关闭饭店，准备出售炸鸡配方，以勉强度日。然而，根本没有饭店愿意购买他的配方，他为此遭受了人们无情的嘲笑。不过，桑德斯上校并没有放弃。他开着自己破旧的老爷车，走遍了很多地方，终于在被他人拒绝1009次之后，找到了愿意购买炸鸡配方的人。从此，他的命运发生了转折，他的连锁店遍布世界各地，成为全世界饮食界的传奇。如今，当你在肯德基门口看到这个慈祥和善的老爷爷时，不妨想一想他的艰难经历吧，这样也许你就有勇气面对一次又一次的失败，重新扬起人生的风帆勇往直前了。

作为俄国的航天之父，康斯坦丁的人生充满坎坷。很小的时候，父亲就培养他谦虚、勤俭的品格，并且帮助他养成了独立自主的好习惯。不过，他还有个天生的爱好，那就是特别喜欢幻想。在八岁的时候，他收到母亲赠送的一只氢气球。母亲告诉他："宝贝，拿好这只气球，不然它就飞走了！"他小心翼翼地接过气球，刚刚松手，气球突然间就飞到空中，越飘越远。妈妈问："宝贝，妈妈叮嘱你要拿好了呀！你为什么要撒手呢？"他以稚嫩的声音说："我想看看气球能飞到哪里去！"妈妈笑了，说："它一定飞到月亮上了。"

小康斯坦丁惊讶极了，问妈妈："等长大了，我也能飞到月亮上吗？"妈妈毫不迟疑地回答："当然不可能。""如果我抓住一只巨大的氢气球，可以飞上去吗？”“也不可能。”小康斯坦丁就这样幻想着，脑子里总是涌出很多奇怪的念头。

10岁那年，小康斯坦丁不幸患了猩红热。并发症非常凶猛，严重地损害了他的听力，使他几乎失聪。从此之后，他的听力急剧下降，在课堂上甚至无法听清楚老师的话。为此，他变得越来越自卑，也不愿意再和小朋友们一起玩耍了。最终，小康斯坦丁辍学回家，在母亲的教授下学习功课。母亲总是夸赞他想象力丰富，这给了他极大的自信。然而，两年之后，母亲也离开了人世，他的生活一下子陷入低谷，痛苦不堪。幸运的是，小康斯坦丁从小就具有独立自主的精神，因而他顽强地面对命运的打击，更加勤奋刻苦地学习，沉浸在知识的海洋里，从而暂时忘记痛苦。在学习的过程中，康斯坦丁对物理表现出浓厚的兴趣。他不但掌握了很多物理学知识，还独立自主地设计一些模型。在实践过程中，他的动手能力越来越强。后来，康斯坦丁于大学毕业后成为一名教师，总是利用教学的闲暇时间进行研究工作。直到1883年，他创作的《自由空间》论文，为人们几千年来的航空梦想打开了思路。

不管是桑德斯上校，还是康斯坦丁，无疑他们都是命运的主宰，都是人生的上帝。如果桑德斯上校当初被拒绝之后就选择了放弃，如果康斯坦丁在遭遇磨难和命运的打击之后就不再努力，那么不但现在缺少了举世闻名的快餐店，人类的航天梦想也可能会因为缺少理论的指引而推迟。虽然我们每个人都是普通人，也许无法成为对整个人类都作出贡献的伟人，但是只要我们坚持不懈地努力，相信自己最终能够主宰命运，我们就会创造属于自己的生命奇迹。

很多时候，我们只要稍微调整一下自己的心态，就能改变整个世界在我们心中的折射。我们没有理由抱怨，也无须抱怨。因为抱怨非但于事无补，反而会导致事情的恶化。最聪明的做法是从现在开始努力改变命运，从现在开始坚定不移地相信自己。只要你做到了，你就是自己的上帝，你就能成功地把握自己的命运。生活的这一刻永远不会是最糟糕的，因为没有人知道更糟糕的时刻会何时到来。与其因为抱怨迎来更糟糕，不如因为积极乐观迎来更美好。朋友们，行动起来吧，你是最棒的！

以兴趣为支撑，才能保持长久的激情

人生最幸运的事，莫过于能够做自己喜欢的事情。现代社会，很多大学生毕业后都找不到与专业对口的工作，至于有幸能够从事自己喜欢的工作的人，则更是少之又少。殊不知，兴趣是人们最好的老师，也是人们职业发展的绝佳动力。任何情况下，我们只有做自己喜爱的事情，才能激发出源源不断的动力，从而获得成功。

为什么兴趣如此重要呢？试想，假如你做事情的时候心不甘情不愿，只是当一天和尚撞一天钟，那么你能发挥出自己的创造力，寻找到创作的灵感吗？如果你曾经看过很多名人传记，你会发现古今中外，大凡能够在科学领域、文化领域、艺术领域，甚至是政治领域有独特建树的人，他们本身一定是非常热爱自己所做的工作的。因而，从现在开始，如果你不喜欢自己的工作，也对自己正在做的事情提不起任何兴趣，那么千万不要再虚度光阴，一定要及时改变，寻找到自己最喜爱的工作。唯有如此，你接下来的人生才不会虚度，你才更有可能全身心投入，开拓属于自己的人生天地，直到获得成功。

她毕业于哈佛大学经济及数学系，成绩非常优异，因而很顺利地进入一家知名公司工作。经过两年时间的积累和沉淀，她的工作做得风生水起，得心应手，深得老板赏识和喜爱，而且积累了丰富的客户资源。不过，她始终觉得工作中缺少了点儿什么。那就是欢喜和乐趣。因为工作压力大，她为了放松自己，经常回忆年少时去同学家串门的情形。那个时候，那位同学的妈妈恰巧正在烘烤蛋糕。在那个年代，自己家里做蛋糕简直是想都不敢想，这么多年，那蛋糕的香甜松软和奶油的细腻嫩滑，始终在她心头萦绕。尤其是看到同学妈妈在把蛋糕放进烤箱烘烤之后，居然心灵手巧地做起了造型各异的饼干，更是让她一瞬间无限崇拜同学的妈妈，觉得她简直就是世界上最伟大的魔术师。

她独立生活之后也购买了烤箱、烘焙工具等，一边参照美食节目，一边自己尝试着动手制作。在紧张工作之余，她也能从亲手烘焙中得到莫大的乐趣。有一次，她回家之后亲手烤制蛋糕给父亲过生日，简直把父亲高兴坏了。然而，如今她远在美国，很少有机会再为父母烘烤糕点了。一天下班后，她路过一家非常有名的蛋糕店，为自己点了一块巧克力慕斯。当看到巧克力慕斯别致的造型时，她的心中突然受到很大触动。如果她也能做出如此精致的糕点，那该是多么让人自豪的事情啊！糕点师看她久久地凝视着巧克力慕斯出神，因而走上前来与她攀谈。当得知她工作虽然引人羡慕，但却不能给自己带来快乐时，糕点师热情地邀请她去后厨亲手制作，感受烘焙的乐趣。她应邀欣然去了后厨，从此之后，她也打开了人生的新天地。

在干净整洁的操作间，她如鱼得水般地享受制作每一道甜点的乐趣；她的眼睛熠熠闪光，似乎发现了找寻已久的人生宝藏；她的脸颊通红，似乎正在感受生命的喜悦。结果，糕点师成了她的下手，她充分发挥自己的无限创意，让糕点师也不由得为之惊呆："这简直是艺术品啊！"从此之后，她成为糕点师的好朋友，也是志愿的大厨。一有空闲时间，她就来到糕点屋尽情享受制作和烘焙的乐趣。思来想去，她做出一个大胆的决定——"辞职"，自己开一家甜品屋。在征得父母的同意之后，她从一个光鲜靓丽的白领，变成一个勤学上进的好学生，为独立开西点屋做着充分准备。

一年之后，她的西点屋顺利开张了。和白领相比，这份工作无疑非常辛苦。她每天凌晨起开始忙碌，准备一天要用的材料，午夜才能拖着疲惫的身体下班，但是她的心却充满了乐趣。每当把自己精心制作的甜品端给顾客享用时，她都觉得自己实现了人生的价值。很多顾客都是回头客，似乎每天要是不吃她制作的甜点，就缺少了很多乐趣。她很多独创的甜品都是招牌，深受顾客的喜爱。曾经，有位顾客专程从遥远的异地坐飞机来吃她的甜品，并且极力邀请她去开分店。如今，她不仅有好几家连锁店，还出版了自己关于烘焙的美食书籍。她，就是中国女孩张柔安，她创造了人生的奇迹。

张柔安的学历很高，工作也很好，原本是人人羡慕的白领，出入高档写字楼。然而，她对工作根本没有兴趣，所以始终找不到乐趣。尽管她把工作做得很好，但是那只是理智使然。从感情上来说，她最爱的工作就是烘焙，就是和面粉打交道。因而，她毅然决然辞掉工作，顺应自己的喜好，历尽辛苦地开了一家甜品屋。从此之后，她的人生与众不同。她从事着自己喜欢的工作，像对待每一件艺术品一样对待自己的甜品。每当在操作间工作，她简直就是在以灵魂起舞。我们姑且不论她的选择从金钱和成功的标准来衡量是对是错，仅就这份快乐，也是任何东西都换不来的。偏偏，她还把事业做得风生水起，引人羡慕。其实这很容易理解，她这么热爱自己所做的事情，毋庸置疑当然能将其做好。兴趣，不但是我们最好的老师，也是我们最源源不断的动力。

只有以兴趣作为支撑，我们才能保持长久的激情。尤其是在现代社会，生存和工作压力都如此大的情况下，工作常常面临窘境，如果以兴趣为出发点作出选择，工作的乐趣就会给予我们更强劲的动力，帮助我们在工作上有更好的表现，也离成功越来越近。

经历枯燥与痛苦，才能收获成功的果实

我们都知道，没有人能随随便便成功，自古以来的许多卓有成就的人，大多是抱着不屈不饶的精神，忍耐枯燥与痛苦之后，从逆境中奋斗挣扎过来的。在哈佛有一句名言："请享受无法回避的痛苦，比别人更早更勤奋地努力，才能尝到成功的滋味。"在人生的道路上，我们若想有所收获，就必须学会吃苦，学会苦中作乐。

所以，要想成功，就必须对自己狠点儿。如果我们想改变自己的行为，就必须把我们的旧行为和痛苦连在一起，而把所希望的新行为和快乐连在一起，否则任何改变都不会持久。比如，在挫折面前，人们有着不同的理解，有人说挫折是人生道路上的绊脚石，有人却说挫折是垫脚石，之所以人们有如此不同的态度，就是因为他们的自控力不同，所谓"百糖尝尽方谈甜，百盐尝尽才懂咸"。与河流一样，人生也需要经历了洗练才会更美丽，经过了枯燥与痛苦之后，才能收获成功的果实。

事实上，人在绝境或没有退路的时候，最容易产生爆发力，展示出非凡的潜能。任何一个成功者都具有非凡的毅力，如果你想在最恶劣、最不利的情况下取胜，最好把所有可能退却的道路切断，有意识地把自己逼入绝境，只有这样

才能保持必胜的决心，用强烈的刺激唤起那敢于超越一切的潜能。

记得一篇文章中有这样一段话：“当面对一堵很难攀越的高墙时，不妨把你的帽子扔过去，然后你就不得不想尽一切办法翻过高墙到那边去了。”“把自己的帽子扔过墙去”，这就意味着你别无选择，为了找回自己的帽子，你必须翻过这堵围墙，毫无退路可言，这就是给自己施加压力，让自己永远不要有退缩的念头，去战胜困难，争取成功。

曾国藩说：“吾平生长进，全在受挫受辱之时，打掉门牙之时多矣，无一不和血一块吞下。”如果经不起挫折，忍受不了挫折带来的痛苦与失败，我们就将沉埋在毫无希望的生活里，永远没有前进的方向。凡是能够成大事者，他们必须耐得住痛苦，忍受得了失败的打击，因为成功需要风风雨雨的洗礼，而一个有追求、有抱负的人，他总是视挫折为动力。他们为什么能做到视挫折如动力？因为他们拥有着惊人的调节力，他们能看到“风雨”之后的“彩虹”，那么，他们又何惧“风雨”呢？

当我们处于痛苦之中时，该如何进行自我调节？你可以尝试着这样做：现在，你诚恳地问自己，在过去的五年，你在人生的各个层面因为旧习惯付出了哪些代价？如果用金钱衡量会是多少？给你心爱的人带来了哪些损害？而接下来的一年、两年或者更多的时间，如果你仍然没有做出任何改变，那么，你会因此会付出哪些代价?如果用金钱衡量会是多少?会给你心爱的人带来哪些损害? 请详细描述你看起来会怎么样，有什么感觉。如果你能做出一个明智的比较，相信你就能找到前进的动力了。

别自我设限，勇敢跳跃出去

在生活中，许多年轻人不敢追求成功，原因并不是追求不到成功，而是他们在还没有开始追逐之前就在心里默认了一个“高度”，这个高度常常暗示自己：成功是不可能的，这个是没办法做到的。“心理高度”成为人们无法取得成功的根本原因之一，自我设限是一件很悲哀的事情，所以，我们要将成功的信念注入血液之中，不断地告诉自己“我能行”“我努力就一定能成功”“我是最优秀的”，不断增强自信心，勇于向成功奋进。年轻人，如果你不逼自己一把，那你根本无法想象你有多么出色。

对自己的怀疑，常常会让我们失去了成功的机会，或是让我们放慢了前进的脚步。普朗克对自己的怀疑，使整个物理理论停滞了几十年。所以，任何时候，都切莫怀疑自己，而是努力、勇敢地证明自己，这样我们才有可能站在成功的巅峰。

我们应该永远记住一句话：你比自己想象中更优秀。因为我们每个人所拥有的潜能都是无穷的，我们所展现出来的只是九牛一毛，还有更多的等待我们去挖掘。相信自己，多给自己一份肯定，自己永远比想象中优秀，这样，你才会成功地挖掘出自己的潜在价值，从而使自己变得更优秀。

许多年轻人不明白自己的价值所在，他们也不知道自己到底具有多大的潜能，所以，谁也不知道自己到底会有多么伟大。事实上，一个人的价值有时候是显现的，但在很多时候都是隐藏的，而在每个人的身体里，都蕴藏着巨大的能量，这就是我们的价值所在。只要我们勇于去寻找真实的自我，激发出自己无穷的能量，就能够彰显自身的价值，这会让我们人生的每一刻都过得精彩。

第11章

别光顾着努力，也要懂得化解压力

我们在努力过程中，总会遇到一些困难与挫折，或是工作压力，或是家庭矛盾，或是人际关系的困扰，那么，也别光顾着努力，也需要懂得化解压力，让自己卸下重负，轻松前行，才容易获得成功。

保持健康心理，消除心病

卡耐基曾说："一个损失了健康的人，就算他赢得全世界，也不能算作真正的成功人士。即使他拥有全世界，每晚也只能占据一张床，一日也只能享用三餐。哪怕一个挖水沟的人，也能做到这一点，甚至还可以睡得更安稳，吃得更香，我宁愿做一个普通的农夫，闲来能够悠然弹奏五弦琴，也不愿意作为企业家，45岁不到就因为忙于管理而自毁健康。"现代人越来越焦虑，在内心里隐藏着一种恐惧，既担心自己的生存状况，又惧怕生老病死，其实，这就是典型的心理压力。长久以往，原本健康的身体被心理折磨得奄奄一息。心理不健康是导致身体不健康的主要因素。比如，有的人身体感到不舒服，就老是怀疑自己生了病，整天陷入恐慌之中。其实，在很多时候，这些只是小病或者根本就没有疾病，不适是源于内心压力，比如焦虑和恐惧。当然，心病还得心药医，不要猜疑自己的健康，保持健康的心理，心病自然就会消除了，让那些在阴暗处滋长的压力消失于阳光下。

焦虑和恐惧给我们生活所造成的影响是不容忽视的，焦虑对我们毫无益处，只会危害自己的生活和事业，而且，还会危害自己的健康。与其花费大量的精力和心思去焦虑和恐惧，不如好好经营自己的生活，把精力和心思转移到生活上来，这样，自然而然就摆脱了焦虑和恐惧，从而获得一种轻松而美好的生活。

1.小心生闷气

何谓闷气？它是由于心中郁闷，而憋在心里的气，是一种压力无法消除而无奈、没办法的表现。古人曰："百病之生于气也。"常言道"怒伤肝，忧伤肺"，那些郁积在心中的不愉快情绪使内脏活动紊乱、内分泌系统失常，胃口不佳、消化不良，而且，长时间的烦闷还会导致血压升高，甚至导致冠心病。另外，从心理学上说，生闷气是一种不愉快的情感体验，它是一种消极的，甚至会破坏正常的情绪反应。一个人若是情绪恶劣，其记忆力将会减退，思维能力也大受影响，同时，喜欢生闷气还会影响一个人的正常人际交往。

2.小心压力危害身体健康

有时候，我们根本没有想过身体的疾病会跟压力有关，事实上，郁积在心中的压力常常会成为我们身体疾病的根源。一位经常被压力所困扰的人说："我感觉很孤单，很堕落，心中像压了一大块沉重的石头，压得我快喘不过气来，什么时候才能将这块石头移开，它憋在我心里，憋得我快要疯了。"现代社会竞争激烈，工作和生活压力都非常大，这大大影响了家庭关系、同事关系、朋友关系，如果自己不能妥善处理这些矛盾，那些不断膨胀的压力就会危及我们的身体健康。

心理压力，诸如焦虑和恐惧是现代社会普遍存在的心理疾病，它源于工作压力、人际关系、经济问题、孤独以及交通阻塞。每天，我们都饱受着生活压力的困扰，可能或多或少都有焦虑恐惧的经历，然而，可能许多人都没有意识到，长期的焦虑会引起抑郁症，这是一种病态的心理，不仅会给我们的健康带来损害，还会感染到身边的人。

让压力督促自己不断进步

毋庸置疑，现代社会的每个人都承受着压力，或者来自生活，或者来自工作。正所谓人无压力轻飘飘，难道人将压力化为动力，就会勇往直前吗？其实不然。有很多人虽然承受着巨大的压力，但是却因为不会排解压力，也不会把压力转化为动力，因而总是非常被动地面对压力，最终甚至自我放逐，破罐子破摔。这样的情况下，压力非但无法取得积极正向的效果，反而会使我们的人生无法如愿以偿。

任何事情都有两面性，压力也是如此。如果我们能够把压力转化为动力，自然压力就是好事；反之，压力就会导致人们身心俱疲，渐渐对人生失去希望，也对自己失去信心，导致自己萎靡不振，这就是坏事。从本质上来说，压力到底是好事还是坏事，其实与人们对待压力的态度密切相关。正如一千个人眼中有一千个哈姆雷特一样，生活又何尝不是艺术作品，需要每个人用心鉴赏呢？没有压力的人，生活中毫无方向感，因为没有明确的目标，他们的每一天都在混日子，懵懂无知，如此一来，宝贵的青春年华就在蹉跎中悄然溜走，白白浪费。在压力的作用下，如果人们能够摆正心态，意识到压力是一切进步的源泉，因而发自内心地接受压力，欢迎压力的到来，就能够明确人生的目标，产生紧迫感和危机感，从而促使自己不遗余力地朝着目标努力奋进。在压力之下，人生也会像璀璨的明珠，发出耀眼的光芒。

对待压力，每个人都应该有心理准备。诸如学生参加考试，就应该对于考试的难易和自己的真实水平有所了解。唯有如此，学生们才能坦然面对考试的压力，尽自己的最大能力在考场上超常或者正常发挥，从而考出好成绩。不管是在学校里，还是走出校园走入社会，每个人都应该对于压力做到心中有数。就像灾难猝不及防总让人难以接受一样，压力如果突然而至，也会让人感到难以接受。在这种情况下，唯有更加理智地对待压力，我们的人生才能从容不迫，镇定自若。

从人生的角度而言，压力并非什么罕见的力量，而是人生常态。怀着这样的心态，朋友们自然不会因为压力的到来而惊慌失措了吧！很多高情商者之所以能够取得成功，就是因为他们善于把压力转化为动力，也善于让压力督促自己不断进步，勇往直前。

秦朝末年，因为秦王暴戾，所以很多国家都对秦国意见很大。为此，秦国与诸国陷入了战乱之中。为了援救被秦国围困的赵国，西楚霸王项羽率领大军火速救援，准备与秦国对战。当时的秦国绝非等闲之辈，他们国力强盛，兵力充足，而且战备充分，为此项羽手下的很多将士产生了为难情绪，不愿意与秦军拼死搏斗。为了鼓舞士气，项羽亲自率领先锋部队渡过漳河，准备与秦军主力对决。过河之后，项羽当机立断颁布命令："凿穿船底，让船沉入河底；砸碎做饭用的锅，每个人只发3天的干粮。"如此破釜沉舟的勇气，使全体将士意识到即使不与秦军拼死一搏，也终究会因为没有退路困死在此处。为此，他们全都同仇敌忾，誓死要打败秦军。

最终，将士们万众一心，没有人当逃兵，更没有人感到畏惧。他们以一当十，杀入秦国大军之中，在与秦军进行了九次殊死搏斗之后，最终大破秦军。这次胜仗，助长了项羽的威风，也使秦军元气大伤，在历史上都有深远的影响意义。

项羽在面对强大的秦军时，破釜沉舟，不给自己和全体将士任何退缩的机会，使每个将士都深切意识到与秦军不是你死就是我活，最终以一当十，勇猛无比，大破秦军。这就是项羽的高明之处，在强敌面前，唯有如此决绝，才能一鼓作气。不得不说，项羽在这场战争中表现出超高的情商，才能以悬殊的兵力彻底打败秦军。

生活中，我们也有很多时候必须承受巨大的压力。在这种情况下，与其被动地接受压力，不如主动地化解压力，使其成为我们前进的超强动力，达到事半功倍的效果。没有人愿意像蜗牛一样背负着沉重的壳前进，但是如果能够得到一定的推动力，则人生的进步就会显得更加轻松和顺遂如意。

保持健康实力，才能可持续发展

现代职场，伯乐不常有，但是“拼命三郎”却是常有的。很多年轻人初入职场，一心一意地想要做出成绩来，向他人证明自己，尤其是向上司或者老板证明自己的实力。因而他们从来不抱怨加班，反而积极加班，甚至还会主动加班。尤其是在很多以绩效形式发工资的公司里，员工们更如同打了鸡血一般，每天都像陀螺不停地转啊转，似乎一旦停下来，生命就失去了所有的意义。

年轻人对于工作如此拼命尚且可以理解，毕竟没有家室的拖累，也想为自己的人生奠定基础。但是有很多人已经结婚了，有了家庭，却依然这样不顾一切地去工作，最终把全家人的生活都搅乱了，不得不说得不偿失。归根结底，工作的目的是更好地享受生活，而不是把生活挤压得无处容身，更不是把心爱的家人都丢到一边弃之不顾。

然而，不管是年轻人还是中年人，也不管是单身贵族还是有家庭的人，身体都是自己的。为了工作呕心沥血在现代社会已经不被提倡，相反，留得青山在，不怕没柴烧，我们只有更好地保全自己，保证自己的身体健康，保存实力，才能实现可持续发展。否则，我们拿什么去享受拼搏之后的些许回报，拿什么去向家人兑现共享天伦的承诺？人生苦短，而且充满了变数，任何时候我们都应该活在当下，而不要把幸福期许得太远。

一个富翁来到海边度假，看到一个渔民驾驶渔船刚刚上岸。渔民打了很多鱼，这只是他一天在海上的收获。富翁问渔民：“你为什么不造一艘大船，这样就能捕到更多的鱼啊！”渔民优哉游哉地说：“但是这些鱼已经足够我生活所需了呀！”富翁说：“趁着现在捕鱼的人少，你完全可以多多捕鱼拿去售卖啊！不但可以卖个好价钱，还可以扩大规模，再用这些钱来买更多的船，雇用更多的人为你出海打鱼。”“然后呢？”渔民依然不急不躁地问。富翁说：“然后，然后你就有钱了呀，你就可以不用工作，每天都过着悠闲惬意的生活。”这时，渔民突然笑了，说：“我现在过的就是悠闲惬意的生活呀。我出海打鱼一次，可以好几天都待在家里不用再出海，而且我也很喜欢出海，几天一次出海就像是去散步一样惬意。那么，我为什么还要舍近求远呢？”渔民的话把富翁说得哑口无言。是呀，放着现在就有的悠闲惬意生活不要，而是舍近求远，日日操劳，把幸福一竿子打得八丈远，这又是为了什么呢？

在这个故事中，渔民现在的生活就很悠闲惬意，他原本以为富翁会指引他找到更好的生活，最终却发现富翁辛苦劳碌一生，如今所希求也无非就是这样的生活。既然如此，为什么不早一天开始享受，而是要等到兜了一个大圈子之后，才回到原点呢？工作是不可能只集中在一个时段做完的，哪怕你今年累得半死，明年也还是需要继续工作，与其把自己累得不堪重负，不如合理安排工作和休息，因为只有会休息的人，才能更好地工作。

归根结底，人都是血肉之躯，精力是有限的。任何人都不可能像机器一样高速运转，而丝毫不需要休息。即便是机器，也需要按时维护保养，加入润滑剂和保养的机油，使其休养生息，才能再次以良好的状态投入工作，人更是如此。

放松身心，体味美好生活

在闲暇时走进公园，在观赏美景的同时，放松一下身心，体味美好的生活。走近喷水池，看着高高喷射出的水花，我们不假思索地就会明白这是压力的作用。

就像我们在喷水池经常见到的一样，生活中的压力也处处存在。有压力才会有动力，有动力才会让生活有质感。话虽如此，人们面对来自各方面的压力却让心时常找不到自己，看不清方向。只能在尘世的无奈中任岁月流逝，在心间眉宇间蒙上了一层霜。

即使你可以逃避，但也只是一时，问题仍然会在下一刻侵扰你的内心。压力给人以苦恼，因此又有太多的人一直在寻求解秘，让心在失衡的现代社会中找到属于自己的天堂与乐园。但是各种困扰却会层出不穷地出现在我们的人生里，它似乎变着花样悄悄地来到我们的身旁，伴着岁月与我们一起成长。如果你能驾驭它，就能成为它的主人；如果你任由它肆意增长，它会成为你人生的一大主题，让你的悲情生活一遍遍地上演。

这或许就是生活的有趣。

晓得控制和利用压力的人，是生活中的强者，即使你做不到这点，能让自己学会释放压力，让生活变得轻松、恬静，你也是一个善待自己的人。压力与心态也是紧密相连的，把握好自己的心态，管理好自己的情绪。适当地释放压力，让压力减小到最低限度，是一种很不错的方法。

1.玩自己喜欢的运动

每个人都有自己喜欢的运动，有的喜欢篮球，有的喜欢羽毛球，有的喜欢跑步……当自己压力很大的时候，就可以抛下手头的事情，疯狂地玩一次自己喜欢的运动，让自己在运动中尽情地宣泄，让自己的汗水涌出，这样就会轻松很多。

2.跟朋友一起唱歌

其实，唱歌也是一种很好的减压方式，但需要注意的是，我们需要叫上那些玩得比较开的朋友，一群人在一起疯狂地唱和跳，这种感觉会很放松。当然，如果允许，可以喝一点点红酒，微醺的感觉更好。

3.骑行

一辆单车，一个旅行包，是一场短暂而又放松的旅行所具备的条件。现在微信、QQ等社交软件比较发达，在我们身边也有很多骑行组织，你可以选择一个合适的群体，然后一起去骑行。归来之后，洗个热水澡，好好地睡一觉，相信整个人会轻松很多。

4.玩玩游戏

当觉得自己内心压力较大的时候，可以玩几把游戏，在游戏的世界里尽情地玩耍、驰骋，整个人的心情就会感觉轻松很多。不过凡事记得适可而止，不能过度沉迷其中。

如果你把握不好自己的心境，或者你心乱如麻，暂时的忘却也是一种美丽的境界。现实人生中，当我们处于压力的困扰中时，找一个释放自己内心深层感触的港湾也是一种别致的情怀。暂时的忘却能让心得到抚慰和歇息。让心拥有一刻的洒脱，释放心中的苦闷，得到暂时的宽慰，然后正视自己，面对生活。

写出烦恼，卸下沉重负担

压力是当我们处在不确定的情境下，或是预计有很多重要的事情到来之前的情绪反应。假如最近工作压力比较大，但还没有到看心理医生的地步，那不妨写写减压日记，把烦恼写出来。摆脱压力的困扰，最有效的做法就是降低焦虑，转移注意力。有时候我们感觉到了压力带来的困扰，却总是没办法找到压力的源头。那么，写日志就是一个不错的方法，它可以帮助我们找到压力之源，确定压力是从何而来，从而使我们的生活有较大的改善。当我们把烦恼写在日记里之后，就会感觉内心的沉重负担已经卸下了，留在日记里了，顿时感觉身心轻松，这是减压日记的最大益处。内心的烦恼就是一种重担，如果你不想办法缓解，那就会身心俱疲，甚至会患上一些心理疾病。

56岁的朱大妈，由于患病，生活不能自理，两年前住进养老院，不过她天性乐观坚强，常常给身边的老人带去很多欢乐。所以大家都会友好地称她为“开心果”。她有什么开心的秘诀吗？原来，朱大妈每天坚持写日记，初衷是为了锻炼自己的记忆力，以便自己能快速康复。

朱大妈两年前突发脑出血，左侧半身不遂，生活无法自理，出院后就住进了这家养老院。她住在养老院的四楼，这层楼住的都是卧床的老人，一个房间里四张床位。在以白色为主的环境中，她的床位显得十分特别，床被紫色所包围，窗帘、墙壁上的照片，都有大面积的紫色。

自从住到养老院的第一天，朱大妈躺在床上，就开始用还能活动的右手写日记。她想尽快好起来，像没有生病以前一样和同伴们一起去跳舞、唱歌。朱大妈给身边的人看她写的那些日记，没有完整的本子，只有一大摞A4纸。这些纸是别人给她的，每页纸的正反两面都是她写的日记，一天都没落过。日记里记录着她每天做康复的辛苦，也有一些国内外的大事，更多的是一些日常的琐事。

尽管朱大妈最初写日记的初衷是为了锻炼大脑，但随着写日记的习惯养成了，也慢慢减少了内心的烦恼，使得她更加乐观地面对人生。

写日记本身就是一个倾诉的过程，在向日记本倾诉。当孩子进入青春期，他们的内心有了很大的变化，这时候他们开始写日记，把自己开心的或不开心的记录下来，锁在日记本里。日记本里记载了每个孩子青春期的烦恼，也承载了孩子们青春期的成长压力。所以，写日记就是一个倾诉的过程，而且对象只是一个日记本，完全不用担心它会泄密。

医院有一本出名的“减压日记”，这些年来，通过写减压日记，使得这些医护人员很好地缓解了工作上的压力。

“真累，抢救回病人一条命，自己也快要被人抢救了！”“没关系，休息休息就可以继续奋斗了。”“送病人去做检查，手指被门夹了一下，肿了。”“哈哈，没事吧？”这两段互动对话是那本著名的日记中找到的，他们亲切地称为“减压日记”。

原来，这些日记本的最初作用是医护人员用来记载工作信息的，由于医院工作的特殊性，这里的工作人员几乎都是几班倒，许多同事之间一周也见不了几面。遇到一些重要的通知或紧急的病情，就会把内容写在上面，交代给下一个来换班的工作人员。之前写在黑板上，后来为了避免隐私，就写在一个本子上。

渐渐地，日记本成了大家工作中不可缺少的一部分，内容也变得丰富多彩。工作交代、气象预报、心情记录、烦恼倾诉……都被写在了上面，这就成为名副其实的减压日记。

减压日记成为坦露心事，缓解压力的最佳途径。尤其是当自己遇到一些难以启齿的麻烦事情，跟朋友倾诉也不妥当，给父母说会增加他们的心理负担，那就写在日记里吧。在写日记的过程中，会清晰地记录当时的状况以及感受，当把所有的事情都捋一遍，最后会发现这件事情本身并非那么令人难过，内心的压力也会得到舒缓。

1.准备日记本

你开始写日记之前，先准备一本空白的笔记本或日记簿。如果你之前没有写日记的习惯，那可以先以一周为单位，将自己生活中所遇到的烦恼都一一记录下来。经过一周之后，假如你感觉这种方式比较适合自己，而且压力也减轻了不少，那就可以坚持写下去。当然，为了方便详细地记录，你可以将日记簿每页分为按照时间段的栏目，比如“上午”“下午”“晚上”等。

2.将所有的事情尽可能记录下来

每天应该将所发生的事情尽可能地记录下来，特别是当一种压力症状出现的时候，更应该仔细记录下来。当压力来袭的时候，你自己的感觉是怎么样的，一定要认真地记录下来。即便没有感受到压力，也需要每天记一下自己经历的事情以及当时的感受。

3.事后再来分析当时的压力

当一周时间过去了，你可以回过头来翻看之前的日记，注意查看自己在什么时候会感到压力重重，什么时候心情又开始得到缓解。在日记里，你可以找到一些其他的舒缓压力的方式，比如在购物时不会感到什么压力，那就尽可能地选择安静一点的时间去购物；如果你觉得和家人在一起很温暖很快乐，那就每天尽量多花一些时间去陪伴他们。当然，再过一周来查看当初令你感到压力的事情，你会觉得不过如此。

当一个人压力大时就需要来发泄一下，但是如果拿身边的人来撒气，会让无辜的人受到伤害，那么最好的办法就是向日记本倾诉。纽约州立大学最近的一项研究发现，人们只要将自己的不快在纸上书写20分钟，就可以减少很多压力。所以，赶快用笔和纸来倾诉你所有的不愉快和烦恼吧。

少一些烦恼，多一些开心的笑

心理学家说："健康的开怀大笑是消除精神压力的最佳方法之一，同时，也是一种愉快的发泄方式。"当压力来临或者遇到了烦心的事情，我们应该忘记心中的忧虑，开怀大笑，败一败自己的火气。笑完了，压力也就消失了，愤怒的情绪也回归到正常状态了。我们常说"笑一笑，十年少"，在西方也流传着这样一句谚语："开怀大笑是剂良药。"笑对一个人身心的益处，得到了中西方医学专家的普遍认可。美国心理学家史蒂夫·威尔逊是"世界欢笑旅行"组织的创始人，他这样阐述了"笑"："笑很简单，它是人类与生俱来的本领，笑也很复杂，蕴含着许多人们可能从来没听说过的学问。"对此，威尔逊对笑进行了多年的研究，他号召人们用笑赶走烦恼、焦虑。所以，当压力来袭，尽情地大笑吧，这样会助你调节情绪，平复心境。

芬兰科学家通过多项实验和调查发现，人一生下来就会笑。简单地说，人可以不需要学习就能发出笑声，刚出生的孩子会在睡梦中微笑。但是，诸如悲伤、烦恼等负面情绪，以及表达负面情绪的愤怒、哭泣，则需要通过亲身体验，慢慢学习而来。另外，相对于心中忧虑而引起的皱眉来说，笑调动的肌肉数量更少、用力也要小一些。那么，既然绽放笑容变得如此简单，为什么不少一点烦恼、愤怒，而多一些开心的笑呢！

卢刚大学毕业后，进入了一家大公司，虽然拥有名牌大学的毕业证，他却在办公室里当了一名普通的文员，这令卢刚十分苦恼，心中常常为此愤愤不平。另外，由于卢刚不太善于表现自己，内心有着强烈的自卑感，使得自己的才能无法施展开来。过了一段时间后，卢刚觉得生活压力越来越大，浑身都没有力气，莫名其妙地失眠。卢刚觉得自己心理有了问题，在一个星期天，他走进了一家心理咨询中心。面对医生，卢刚倾诉了心中的苦闷，不过，医生并没有给他任何的劝导，而是提出一个小小的要求：“每天早晨起床后，什么都不要干，先对着镜子里的自己笑一下。在一天的工作中，如果感到苦闷了，就找个安静的地方，开怀大笑一番。”卢刚半信半疑，但还是照心理医生的话去做了。

一个星期过去了，卢刚又去了医院，医生问他：“感觉怎么样？情况是否有所改观？”卢刚感慨地说：“真没想到，这个办法很灵验。”原来，刚开始照镜子的时候，卢刚被自己的样子吓了一跳：眉头紧皱，满脸沮丧，活脱脱一张苦瓜脸。虽然以前卢刚也会对着镜子剃须、洗脸之类的，但那时都是面无表情，卢刚意识到已经好久没有认真地审视过自己了。卢刚想着以前自己是一个快乐的小男孩，记得自己以前也是喜欢笑的，可是，当他第一次对自己微笑的时候，却发现笑容变得十分僵硬。后来，卢刚开始每天对镜子里的自己笑，他在镜子里看到了一个快乐的自己，他感到浑身的力量回来了。

卢刚有些疑惑地问医生："请问这是什么道理呢？"医生笑着说："笑赶走了你内心的怨气和忧虑，为你带来了自信和快乐，因此，你的生活和工作都有了较大的影响。"听了医生的话，卢刚恍然大悟，以后，在办公室里，同事们经常都能听到卢刚那爽朗的笑声。

然而，现代人笑得越来越少了，事实上，我们要想做到笑口常开，就需要自己有意识地做一些努力。我们可以试着培养这样一些习惯：每天起来，对着镜子给自己一个笑容；遇到匆匆而过的行人，尽量给对方一个笑容；如果平时不怎么喜欢笑，可以多观看一些喜剧片或笑话。强迫自己笑，慢慢地，笑就会变成一种习惯。

有一位智者很喜欢大笑，而且，通常是在嗔怒时大笑，弟子感到不解："既然这么生气，为什么会选择笑呢？"智者这样回答："因为大笑可以帮我赶走内心压力，即使我强迫自己大笑，也能够达到这样的作用，所以，既然笑能有如此的作用，我又何苦选择生气呢？"

当然，我们所需要的是健康的开怀大笑，这不得不有一些前提的条件。比如，高血压患者应该尽量避免大笑，否则会引起血压上升、脑溢血等；正处于恢复期的患者也要避免大笑，因为这有可能使病情发作；还有，当一个人在吃东西或饮水的时候，也不要大笑，以免食物和水进入气管，导致剧烈咳嗽，甚至是窒息。当自己有了巨大的心理压力，或者内心郁积着负面情绪，不要跟自己较劲，不妨选择开怀大笑吧！

第12章

拥有正确的人生态度，才能达到理想的人生高度

生活中，我们要拥有正确的人生态度，凡事怀着一颗平常心，不以物喜不以己悲，得意亦然，失意也要看得开。做事要脚踏实地，一步一个脚印，这样才能把事情做好，调整好心态，从而达到理想的人生高度。

树立正确的人生态度

生活中，人们常说“人生态度”一词，那么，什么是人生态度呢？人生态度，是指人们通过生活实践形成的对人生问题的一种稳定的心理倾向和基本意愿。人生态度，主要包括人们对社会生活所持的总体意向，对人生所具有的持续性信念以及对各种人生境遇所作出的反应方式等。

诚然，任何人都应该有自己的梦想和抱负，但所有一切都应该以形成正确的人生态度为前提，尤其是对于一些年轻人来说，他们刚刚踏上人生的漫长路程，社会阅历尚浅，人生观也尚未形成，人生的基本态度还没有完全确立。如果不注意培养正确的人生态度，或者树立起错误的人生态度，将会影响自己的一生。只有树立起正确的人生态度，才能使自己走好人生道路上的各个阶段，才能使自己在复杂的社会之中，正确处理各种矛盾，战胜各种困难，历经曲折的征途，创造美好的人生。

其实，我们不难发现，即使在今天，也有一些人，他们原本一直都走在一条正确的人生路上，但却经不住诱惑，为日后埋下了毁灭的炸弹。这种错误的人生态度一旦蔓延到民族或者人类这一大群体上，就会产生严重的后果。

不放弃比他人更为坚苦的人生，并不断严格要求自己，这是不可或缺的。努力、诚实、认真、正直……严格遵守这些看似简单的道德观和伦理观，并把它们作为自己的人生哲学或人生态度的不可动摇的基础。

树立正确的人生态度和人生哲学并始终贯彻执行，这是现代社会对我们每一个人的最低要求。只有这样才能使我们每一个人的人生走向成功和辉煌，同时也是人类走向和平和幸福的王道。如果你能把这样的活法当作人生指南，我就不胜荣幸了。

人生态度是对待人生的心态和态度，就是把人生看作什么。它是人生观的主要内容，也是人生观的直接反映和体现。它需要了解的是“人究竟应该怎样活着”的问题。不同的态度产生不同的人生和价值观。比如，游戏人生和有所作为、努力争取还是听天由命、善待生活还是得过且过都是不同人生态度的反映。

一个人如果没有正确的人生态度，他不仅在每个具体问题上失败，而且他的一生也不会有一个好的结局。树立起正确的人生态度，不仅可以使人们处理好人生道路上的各种具体问题，迈好人生道路上的每一步，而且可以使人们几十年如一日，走出一条美好光明的人生之路。

总之，我们都应该认识到，树立正确的人生态度，对于人的一生有着十分重要的意义。人生态度，具体地表现在人们怎样对待人生所遇到的每一个具体问题上，关系着人们在每一个具体问题上得到什么结果。人们对待人生的每个具体问题的态度不尽相同，在人生的每个阶段上的态度也有所不同，但是，一个基本的人生态度始终贯穿其中，决定着人的一生。

成功没有捷径，唯有脚踏实地

关于未来，可能每个初入社会的年轻人都有很多幻想，他们豪气万丈、为自己编织着美好的未来，或希望自己成为某个行业的精英，或拥有自己的事业等。树立理想是好事，它可以匡正你的言行，让你的努力有一条明晰的主线，但无论如何，你要记住，只有脚踏实地才是实现梦想的唯一途径，对理想的憧憬，也千万别过了头。

如果你每天把大把的时间都花在了展望自己的未来上，而不制订实现梦想的计划，那么，你的梦想最终只会遥遥无期。

爱因斯坦曾说："人的价值蕴藏在人的才能之中。在天才和勤奋两者之间，我毫不迟疑地选择勤奋，她是几乎世界上一切成就的催产婆。"梦想的实现是一个过程，是将勤奋和努力融入每天的生活中、工作和学习中，它没有捷径，它需要脚踏实地。

著名的心理学教授丹尼尔·吉尔伯特认为：当一个人憧憬未来，在他看来，他似乎已经经历了那种美好，但实际上，这不过是一个想象的黑洞，是虚无的。的确，对于未来的过分憧憬，反而会抹杀自己对未来更为可靠的理性预测。

没有人可以在脱离行动之外就能收获成功，真正的喜悦也是来自实践过的经历。哈佛大学的心理学家认为，当人们尝试着估计自己能从未来的经历中获得多大的乐趣时，他们已经错了。人生只有经历过，才能品味出真实的味道，也只有脚踏实地地看待生活，才会活出自己。

一直以来，人们都赞赏那些有伟大梦想、长远眼光的人，但很多人在憧憬未来时，难免有几分浮躁之气。有时候，当事情还没做到一半时，他们就认为自己已经大功告成，开始飘飘然了。因此，我们需要记住的是，急功近利，只讲速度，不讲质量，看不起眼前的小事，认为如此做不出什么名堂来，没有什么意义。

的确，知识和能力、经验的积累，都像建造房子，从砖到墙、从墙到梁，是一个循序渐进的过程，任何能力和知识的得来也不是一蹴而就的，也不是下了决心就能获得的，这是一个长期的过程。实际上，无论做什么，水滴就能石穿，每天进步一点点，并不是很大的目标，也并不难实现。也许昨天，你通过努力学习获得了可喜的成绩，但今天你必须学会超越，超越昨天的你，你才能更加进步，更加充实。人生的每一天都应该充满新鲜的东西。

现今社会，好高骛远、不脚踏实地是很多年轻人的通病，不少年轻人是思想上的巨人，行动上的矮子，信誓旦旦决定做一件事，但到实施的时候，却做不到一步一个脚印，每天朝目标迈一步，经常三分钟热度，做不到持之以恒。要知道，任何事情的成功都不是一蹴而就的，需要我们一点一滴的付出。小事成就大事，在每件小事上认真的人，做大事一定成绩卓越。

其实，生活中，那些成功者往往是做“傻”事的笨人，输得最惨的却是那些聪明人，那些笨人深知自己不够聪明，所以他们努力学习、埋头苦干，最终他们如愿以偿。而聪明人做事时则不肯下力气，总想着耍小聪明，投机取巧，所以往往输得很惨，可见智慧和实干比起来，实干更加不可或缺。

总之，每一个年轻人都必须记住，梦想的实现必须扎根在现实的土壤上。任何一个怀揣梦想的年轻人都应该让自己沉下心来进入角色，越早进入就意味着你成熟了一些，离梦想的实现就更进了一步。

有平淡的真实，才懂品味人生

有人说，人生如戏，注定了跌宕起伏。人生路上，并不是只有枝繁叶茂的大树和灿烂夺目的鲜花，还有荒凉至极的沙漠；不只是阳光灿烂，还有阴雨连连，这就是人生，只要拥有平淡的真实，才会真正懂得品味人生，抒发人生，才会拥有自我，心存淡泊。拥有平淡，那才是人生的至高境界，就是你坦坦荡荡，自自然然的快乐。生活中的点滴愉悦，都是生活中的原汁原味。

人活着不容易，而要保持平常的心境则更难。在漫漫的人生旅程中，我们会遇到许许多多的坎坷，遭受方方面面的挫折，迂回曲折地走过无尽的路途。

人生无常，但只要我们保持内心平静，那么，无论外在世界怎么变化莫测，我们都能坦然面对，做到不为情感左右，不为名利所牵引，从而洞悉事物本质，完全实事求是。

总之，人生的平淡和起起伏伏都是一种生命的轨迹，而只有内心平和的人才能体味其中的真谛，因此，我们不妨以平常心看待生活，用心去享受简单生活中的快乐、幸福！

的确，世事难料，因为任何事情都有一个变化发展的过程，此刻你不如意并不代表你一生不幸，此时你满面春风并不代表你一生顺利，虽然我们不能掌握变化无常的事态，但我们可以掌控自己的心态。因此，不管你现在得到了什么，失去了什么，都不要纠结于一时，心态是自己选择的，祸会转化为福，福也会转化为祸，为何不敞开心扉，坦荡地面对呢？

有个老太太，她从年轻时代开始就有个爱好，那就是种花种草，在她的家里，有各种各样的盆景，她每天的大部分时间都会花在这上面。

有一天，老太太去外地看亲戚，出门前，她告诉儿子一定要细心照看好那些她视若珍宝的盆景。

母亲的话，儿子不敢怠慢，于是，在老太太外出期间，儿子很精心地照看这些盆景，但尽管这样，不幸的事还是发生了，在他为花草浇水时不小心碰倒了花架上的一盆花，打碎了。儿子因此非常害怕，准备等母亲回来后接受处罚。

然而，当老太太知道这件事后并没有生气，反而说："我栽种盆景是用来欣赏和美化家里环境的，不是为了生气的。"

老太太说得好，她种植盆景，并不是为了生气。因此，她的心情也不会因盆景的得失而受到影响。如果无欲无求，了无牵挂，则气无处生。生活中的人们，在得失面前，你是否也有这样的心境呢？

我们需要拥有一颗平常心。人生不可能总是大红大紫，不可能总是处于巅峰状态，也有可能处于低谷，也可能遭遇不顺，这就是人生。

当你一度认为自己是竞争中的优胜者而事与愿违时，当你的爱人背叛你时，当你的挚友突然离你而去时，你或许会忧郁惆怅，你或许会愤愤不平，总认为上帝对你不公。

其实，所有人在上帝面前都是平等的。人生的许多困扰和烦恼都源于自己。人生原本很平淡，生命的过程，本来也是一个平淡的过程。

如果你想活得辉煌，你就会活得痛苦些；如果你想活得随意，你就会活得快乐些。生活本身就是平淡的，一切都未曾改变，变化的是你的心，花开花落，一切照旧，你也应该有这样的平常心态，对于个人的荣辱得失都做到淡定面对，凡事顺其自然，不强求不牵强，做到真正的平常心。

可见，无论得失，我们要调整自己的心态，要超越时间和空间去观察问题，要考虑到事物有可能出现的极端变化。这样，无论福事变祸事，还是祸事变福事，都有足够的心理承受能力。

所以，生活中的人们，我们应该正视人生的得失。世间万事万物，来来去去，本就没有一个定数，我们不能左右世事，但可以左右自己的心。当我们拥有时，我们要懂得珍惜，失去时，也不可过分执着。人有悲欢离合，月有阴晴圆缺，以一颗淡然的心面对，我们的心会释然很多。

不断充实自己，努力做到更好

生活在这个竞争激烈的社会，每个年轻人都渴望能够逃离这种生活，隐居在一个世外桃源。不过，这种想法只是暂时的懈怠。如果你财力平平，尚处于打拼的事业阶段，那么努力才是一生不懈的坚持。在这个过程中，积极面对生活的压力和工作的竞争，让自己努力做到最好，才是人生的价值所在。

许多年轻人自我感觉良好，寻得一个不错的职位，拿着不低的薪水，自以为一生就这样平平淡淡地度过了。然而，生活总是千变万化，或许你今天还满足于安逸的生活，明天就有新的竞争找上门。你是该努力还是在原地踏步？如果你有能力做到更好，甚至有能力自己创业，那为什么不去做呢。

现今社会，不断学习，获得新的知识是每一个人都需认真对待的事情，置身于这个高速发展的时代，你会深切地体会到“逆水行舟，不进则退”的道理。不断充实自己，努力做到更好，这才是竞争中处于优势地位的长久之道。

虽然你工作已经做得很好，但只要你继续努力的话，你完全可以做得更好。许多年轻人刚取得一点点成绩就安于现状、不思进取，最终他的人生高度也仅此而已。一个有崇高目标、期望成就大业的人，总是不停地超越自我，拓宽思路，扩充知识，敞开生活之门，希望比周围的人走得更远。他有足够坚强的意志，激励自己做出更大的努力，争取最好的结果。

作为年轻人，应该以谦虚的心态观察周围的事物和人，见贤思齐，学习他人的优点，掌握更精深的专业技能。如果你认为自己已经学会了一切，并不准备继续努力了，那么你做出这个决定的时刻就是你的竞争对手开始超越你的时刻。只有准备用一生去学习并努力做到最好的人才会获得更长久的发展！

年轻人，如果你想赢得成功，就需要去尝试一些别人不敢走的路，去努力走下去。只要你能走好这条路，那就很容易超越那些曾经比你优秀的人。假如年轻人做起事情来总是精益求精，总是令人称赞，那伯乐自然会赏识你，而且在必要时还会提携你一把。在努力的路途中，年轻人必须把经验、学识、智慧和创造力尽情展示，尽可能地达到惊人的效果，为自己的发展创造条件，因为努力从来都是一生的坚持。

年轻人拥有无限的精力，就应该多付出一点时间，为了理想拼搏一下，努力一下，最终的成败姑且不提，至少在你暮霭之年，不会后悔自己一生碌碌无为、平平庸庸。我们每个人都希望自己的生活能像渴望中那么成功，现实中的确有不少人做到了,而这一切都是由他们自己创造的。

每个人都渴望自己走在通往成功的捷径上，但你可知道，这捷径除了努力之外，别无他路。成功是什么？成功是一种超越自己的渴望。成功就是别人付出五分的努力，而我们付出十倍、百倍的努力。在这个世界上，从来没有天上掉馅饼的好事，而且比你优秀的人多了去了，你所需要的是比他们多一份努力和坚持。年轻人，永远记住，努力是一生不懈的坚持，只要你努力了，那就多了成功的可能。

不虚度光阴，一路努力向前

人生就像一场终点待定的马拉松，每个人都在不停地往前跑，因而也有人说人生是一场没有归途的旅程，跑得越远，看到的美丽风景就越多。相反，假如一个人跑着跑着就不再跑了，那么他只能看到眼前美丽的风景，而无法领略前路上旖旎的风光。从这个意义上来说，人生要想充实地度过，就不要虚度光阴，一路努力向前。既然我们无法决定人生的长度，不如就通过在有限的人生旅途中欣赏更多的美丽风景，来拓宽人生的宽度吧。这也是珍惜人生、尽情享受人生的好方式之一。

光阴似箭，人生如同白驹过隙，稍不留意，人生就已百年。年轻的时候，我们总是觉得有着无穷无尽的时间可以挥霍，因而逃学、玩耍，而等到人到中年，很多人的聚首都以十年为期，未免觉得人生实在是眨眼之间。也许转眼之间，我们已经十年没有回到故乡，我们已经毕业十年，甚至是二十年、三十年，从不谙世事的小女孩小男孩，变成了已经为人父母的中年人，不由得感慨唏嘘，尤其是当头顶的白发越来越多时，我们更是不敢回首，只怕引起无限惋惜。在2014年的春节联欢晚会上，一首《时间都去哪儿了》唱出了无数人的心声。是啊，时间都去哪儿了，我们的人生怎么再回首已经年过半百了？我们曾经的青春岁月如今只能去梦里寻找。

在这个飞速发展的时代，不管是“70后”“80后”“90后”，还是如今的“00后”，一代又一代人如同长江后浪推前浪，使人感慨光阴荏苒，岁月如梭，每个人都只能对着时间仓皇溜走的身影感慨无限，而没有一丝一毫的办法能够挽留。既然如此，不要再浪费宝贵的时间来抱怨了，与其浪费时间，不如珍惜时间，这就相当于变相地延长了生命。让人生更有品质，能够帮助我们更充实地享受人生，也能够让我们得到人生的更多馈赠。

作为我国北宋时期伟大的政治家，司马光不仅在政治方面作出了杰出贡献，而且学识渊博，也是著名的学者。尤其是在历史方面，他更是呕心沥血完成了史学巨著《资治通鉴》，因而流传千古，对整个人类发展都产生了深远的影响。

司马光之所以取得了如此伟大的成就，与他从小就勤奋学习，珍惜时间是分不开的。司马光从小在私塾里读书时，因为背书不如别人快，就想尽办法弥补不足。别人花费一个小时读书，他就笨鸟先飞，花费两三个小时。为了增强记忆力，他还在老师刚上完课的课间就开始用功读书，即便同学们都在院子里高高兴兴地嬉笑打闹，他也毫不心动。不仅如此，他还抓住生活中的一切闲暇时间读书，例如他骑马的时候就坐在马背上读书，夜晚入睡之前也会尽力回想白天学习的内容，如此坚持下来，司马光的记忆力得到了增强，以至于他对于很多知识都始终印象深刻，记忆清晰，到老了也没有忘记分毫。正是如此坚实的知识基础，才使司马光未来著书立说根基牢固，作品也富有深度。

为了珍惜时间，司马光不但抓住生活中的闲暇，还特意为自己准备了一个圆木的枕头。每当他夜读感到困倦时，实在撑不住了，就会枕着圆木枕睡觉。然而等到睡熟了情不自禁地翻身，圆木枕就会掉落在地，司马光的头就会猛然枕到硬板床上，也就醒了。每当这时，司马光总是立即起床穿衣，继续点灯苦读。在圆木枕长年累月的陪伴中，司马光渐渐感受到圆木枕其实是有思想的，因而称其为“警枕”。就这样，“警枕”陪伴司马光度过了一生之中漫长的时间，也见证了司马光勤奋苦读、笔耕不辍的一生。

在助手的协助下，司马光用了十九年的时间，才完成了

《资治通鉴》这部史学巨著，给中国的历史留下了不可多得的宝贵资料。假如没有珍惜时间的精神，假如没有和时间展开赛跑，司马光也许就无法获得如此伟大的成就，中国的历史也会因此变得匮乏。

虽然我们未必能够像司马光一样青史留名，但是即使作为普通人，我们的人生也同样需要面对和时间赛跑的局面。光阴如逝，人生更是如同白驹过隙，我们唯有把握好自己的人生，成为时间的主人，才能竭力拓宽人生的宽度，让人生变得更加充实丰满。同样的道理，人生也是需要向前冲的精神的，否则一味地停滞不前，就会失去前方更加旖旎的风景，也给人生徒增遗憾。所以朋友们，不管你把人生当成百米冲刺，还是当成马拉松，从现在开始就努力向前吧！只要我们一直在人生路上保持前进的姿态，我们的人生就必然更加精彩美妙！

参考文献

[1]沐木.努力到无能为力，拼搏到感动自己[M]. 北京：现代出版社，2016.

[2]一颗丸子.你不努力，谁也给不了你想要的生活[M]. 北京：中国致公出版社，2017.

[3]周冲.我更喜欢努力的自己[M]. 长沙：湖南文艺出版社，2017.

[4]李尚龙.你只是看起来很努力[M]. 北京：北京联合出版有限公司，2017.

[5]清蓝.你有多努力，就有多自由[M]. 北京：现代出版社，2018.